자르는 선

# 061 단계 실력 진단 평가 ❶회

## 다섯 자리 수

| 제한 시간 | 맞힌 개수 | 선생님 확인 |
|---|---|---|
| 15분 | / 14 | |

정답 21쪽

빈칸에 알맞은 수를 써넣으세요.

❶ 10000이 2개, 1000이 6개, 100이 5개, 10이 [illegible]
1이 7개이면 [    ] 입니다.

❷ 10000이 8개, 1000이 9개, 100이 1개, 10이 3개,
1이 2개이면 [    ] 입니다.

❸ 10000이 5개, 1000이 6개, 100이 9개, 10이 4개,
1이 6개이면 [    ] 입니다.

❽ 10000이 4개, 1000이 0개, 100이 2개, 10이 2개,
1이 5개이면 [    ] 입니다.

❾ 10000이 1개, 1000이 8개, 100이 3개, 10이 8개,
1이 6개이면 [    ] 입니다.

❿ 10000이 7개, 1000이 7개, 100이 5개, 10이 0개,
1이 4개이면 [    ] 입니다.

⑤ 57538 = 50000 + □ + □ + □ + 8

⑥ 43806 = □ + 3000 + □ + 6

⑦ 24755 = 20000 + □ + 700 + □ + □

⑧ 58069 = □ + □ + □ + 9

⑨ 12374 = □ + 2000 + □ + □ + 4

⑩ 89042 = 80000 + □ + □ + □

⑮ 26714 = □ + □ + 700 + □ + □

⑯ 63000 = □ + □

⑰ 97112 = □ + 7000 + □ + □ + □

⑱ 37009 = □ + 7000 + □

⑲ 80765 = 80000 + □ + □ + □

⑳ 94002 = □ + □ + □

자르는 선

# 062단계 실력 진단 평가 ❶회

## 큰 수 알아보기

| 제한 시간 | 맞힌 개수 | 선생님 확인 |
|---|---|---|
| 20분 | /16 | |

정답 21쪽

빈칸에 알맞은 수나 말을 써넣으세요.

❶ 320000은 만이 □개인 수입니다.

❷ 850000은 만이 □개인 수입니다.

❸ 7530000은 만이 □개인 수입니다.

❹ 9130000은 만이 □개인 수입니다.

❾ 6154769는 만이 □개, 일이 □개인 수입니다.

❿ 8034577은 만이 □개, 일이 □개인 수입니다.

⓫ 54713069는 만이 □개, 일이 □개인 수입니다.

⓬ 620000은 □(이)라고 읽습니다.

⑥ 1조가 92개인 수는 [ ] 입니다.

⑦ 1조가 604개인 수는 [ ] 입니다.

⑧ 1조가 234개인 수는 [ ] 입니다.

⑨ 1조가 4708개인 수는 [ ] 입니다.

⑩ 1조가 7433개인 수는 [ ] 입니다.

⑯ 915조 = [ ] + [ ] + 5조

⑰ 508조 = [ ] + [ ]

⑱ 2417조 = 2000조 + [ ] + [ ] + 7조

⑲ 9526조 = [ ] + [ ] + [ ] + 6조

⑳ 6134조 = [ ] + 100조 + [ ] + [ ]

✂ 자르는 선

# 063단계 실력 진단 평가 ❶회

## 계산의 활용 – 각도의 합과 차

| 제한 시간 | 맞힌 개수 | 선생님 확인 |
| --- | --- | --- |
| 20분 | /32 | |

정답 21쪽

✎ 계산을 하세요.

❶ $20^\circ+45^\circ=$

❷ $70^\circ-30^\circ=$

❸ $50^\circ+60^\circ=$

❹ $85^\circ-40^\circ=$

❺ $46^\circ+44^\circ=$

❻ $96^\circ-32^\circ=$

❼ $62^\circ+57^\circ=$

❽ $43^\circ-15^\circ=$

⑰ $64^\circ+151^\circ=$

⑱ $177^\circ-58^\circ=$

⑲ $162^\circ+79^\circ=$

⑳ $203^\circ-87^\circ=$

㉑ $129^\circ+55^\circ=$

㉒ $191^\circ-93^\circ=$

㉓ $107^\circ+141^\circ=$

㉔ $176^\circ-133^\circ=$

⑥ $63° - \square° = 29°$

⑦ $39° + \square° = 113°$

⑧ $106° - \square° = 38°$

⑨ $29° + \square° = 156°$

⑩ $134° - \square° = 27°$

⑯ $\square° - 95° = 28°$

⑰ $\square° + 108° = 183°$

⑱ $\square° - 143° = 59°$

⑲ $\square° + 96° = 235°$

⑳ $\square° - 138° = 113°$

# 064 단계 실력 진단 평가 ❶회
(세 자리 수)×(몇십)

| 제한 시간 | 맞힌 개수 | 선생님 확인 |
|---|---|---|
| 20분 | /24 | |

정답 22쪽

곱셈을 하세요.

① $400 \times 60$

② $200 \times 80$

③ $500 \times 30$

④ $700 \times 50$

⑤ $300 \times 70$

⑥ $900 \times 40$

⑬ $357 \times 40$

⑭ $416 \times 70$

⑮ $733 \times 60$

⑯ $256 \times 80$

⑰ $521 \times 90$

⑱ $148 \times 60$

⑨ $255\times80=$

⑩ $328\times40=$

⑪ $271\times90=$

⑫ $566\times80=$

⑬ $406\times40=$

⑭ $519\times70=$

⑮ $483\times20=$

⑯ $245\times50=$

㉕ $455\times30=$

㉖ $586\times20=$

㉗ $739\times50=$

㉘ $143\times80=$

㉙ $824\times30=$

㉚ $662\times40=$

㉛ $752\times60=$

㉜ $353\times70=$

064 단계

# 실력 진단 평가 ❷회

(세 자리 수)×(몇십)

| 제한 시간 | 맞힌 개수 | 선생님 확인 |
|---|---|---|
| 25분 | /32 | |

정답 22쪽

곱셈을 하세요.

❶ $200\times60=$

❷ $500\times40=$

❸ $300\times80=$

❹ $400\times70=$

❺ $700\times30=$

❻ $800\times90=$

❼ $347\times20=$

❽ $476\times90=$

⑰ $564\times50=$

⑱ $471\times70=$

⑲ $293\times20=$

⑳ $912\times50=$

㉑ $262\times40=$

㉒ $817\times60=$

㉓ $635\times70=$

㉔ $324\times60=$

⑦
$$\begin{array}{r} 251 \\ \times \quad 60 \\ \hline \end{array}$$

⑧
$$\begin{array}{r} 537 \\ \times \quad 30 \\ \hline \end{array}$$

⑨
$$\begin{array}{r} 832 \\ \times \quad 70 \\ \hline \end{array}$$

⑩
$$\begin{array}{r} 164 \\ \times \quad 80 \\ \hline \end{array}$$

⑪
$$\begin{array}{r} 708 \\ \times \quad 40 \\ \hline \end{array}$$

⑫
$$\begin{array}{r} 935 \\ \times \quad 60 \\ \hline \end{array}$$

⑲
$$\begin{array}{r} 612 \\ \times \quad 30 \\ \hline \end{array}$$

⑳
$$\begin{array}{r} 806 \\ \times \quad 40 \\ \hline \end{array}$$

㉑
$$\begin{array}{r} 475 \\ \times \quad 40 \\ \hline \end{array}$$

㉒
$$\begin{array}{r} 152 \\ \times \quad 90 \\ \hline \end{array}$$

㉓
$$\begin{array}{r} 723 \\ \times \quad 80 \\ \hline \end{array}$$

㉔
$$\begin{array}{r} 534 \\ \times \quad 50 \\ \hline \end{array}$$

# 063단계 실력 진단 평가 ❷회

## 계산의 활용 – 각도의 합과 차

| 제한 시간 | 맞힌 개수 | 선생님 확인 |
| --- | --- | --- |
| 20분 | /20 | |

정답 21쪽

빈칸에 알맞은 수를 넣으세요.

❶ 35°+□°=65°

❷ 50°−□°=20°

❸ 48°+□°=79°

❹ 89°−□°=47°

❺ 36°+□°=81°

⓫ □°+37°=159°

⓬ □°−16°=59°

⓭ □°+61°=90°

⓮ □°−48°=64°

⓯ □°+78°=135°

⑨ $65° + 19° =$

⑩ $82° - 45° =$

⑪ $46° + 83° =$

⑫ $71° - 53° =$

⑬ $106° + 35° =$

⑭ $121° - 40° =$

⑮ $45° + 158° =$

⑯ $183° - 26° =$

㉕ $147° + 126° =$

㉖ $186° - 149° =$

㉗ $143° + 189° =$

㉘ $221° - 135° =$

㉙ $162° + 148° =$

㉚ $152° - 118° =$

㉛ $153° + 179° =$

㉜ $213° - 166° =$

# 실력 진단 평가 ❷회

## 큰 수 알아보기

| 제한 시간 | 맞힌 개수 | 선생님 확인 |
|---|---|---|
| 20분 | /20 | |

정답 21쪽

빈칸에 알맞은 수나 말을 써넣으세요.

❶ 1억이 47개인 수는 [ ] 입니다.

❷ 1억이 627개인 수는 [ ] 입니다.

❸ 1억이 813개인 수는 [ ] 입니다.

❹ 1억이 5473개인 수는 [ ] 입니다.

❺ 1억이 1223개인 수는 [ ] 입니다.

⓫ 715억 = [ ] + 10억 + [ ]

⓬ 136억 = 100억 + [ ] + [ ]

⓭ 2134억 = [ ] + 100 억 + [ ] + 4 억

⓮ 3653억 = [ ] + [ ] + 50억 + [ ]

⓯ 8047억 = [ ] + [ ] + 7억

⑤ 64210000은 만이 ☐개인 수입니다.

⑥ 45830000은 만이 ☐개인 수입니다.

⑦ 592311은 만이 ☐개, 일이 ☐개인 수입니다.

⑧ 358616은 만이 ☐개, 일이 ☐개인 수입니다.

⑬ 4520000은 ☐(이)라고 읽습니다.

⑭ 67640000은 ☐(이)라고 읽습니다.

⑮ 1358514는 ☐(이)라고 읽습니다.

⑯ 91065403은 ☐(이)라고 읽습니다.

# 실력 진단 평가 ❷회
## 다섯 자리 수

| 제한 시간 | 맞힌 개수 | 선생님 확인 |
|---|---|---|
| 20분 | /20 | |

정답 21쪽

주어진 수를 각 자리의 숫자가 나타내는 값의 합으로 나타내세요.

❶ 24768=20000+☐+☐+60+8

❷ 85814=☐+☐+800+10+4

❸ 62371=☐+2000+☐+70+1

❹ 97156=90000+☐+100+☐+6

⑪ 34050=☐+☐+☐

⑫ 79422=☐+☐+☐+20+2

⑬ 58620=☐+8000+☐+☐

⑭ 47332=☐+☐+☐+30+☐

❹ 10000이 7개, 1000이 2개, 100이 2개, 10이 7개,
1이 4개이면 [ ] 입니다.

❺ 10000이 3개, 1000이 2개, 100이 8개, 10이 7개,
1이 1개이면 [ ] 입니다.

❻ 10000이 6개, 1000이 4개, 100이 9개, 10이 1개,
1이 7개이면 [ ] 입니다.

❼ 10000이 9개, 1000이 3개, 100이 4개, 10이 7개,
1이 8개이면 [ ] 입니다.

⓫ 10000이 6개, 1000이 2개, 100이 1개, 10이 7개,
1이 3개이면 [ ] 입니다.

⓬ 10000이 1개, 1000이 4개, 100이 8개, 10이 9개,
1이 6개이면 [ ] 입니다.

⓭ 10000이 2개, 1000이 5개, 100이 5개, 10이 4개,
1이 0개이면 [ ] 입니다.

⓮ 10000이 8개, 1000이 0개, 100이 0개, 10이 2개,
1이 9개이면 [ ] 입니다.

자르는 선

# 065 단계 실력 진단 평가 1회

## (세 자리 수)×(두 자리 수)

| 제한 시간 | 맞힌 개수 | 선생님 확인 |
|---|---|---|
| 20분 | /16 | |

정답 22쪽

곱셈을 하세요.

① $152 \times 33$

② $473 \times 25$

③ $275 \times 86$

④ $831 \times 54$

⑨ $649 \times 37$

⑩ $532 \times 63$

⑪ $806 \times 48$

⑫ $424 \times 83$

⑤ $858 \times 44$

⑥ $915 \times 29$

⑦ $732 \times 66$

⑧ $186 \times 58$

⑬ $724 \times 35$

⑭ $636 \times 82$

⑮ $813 \times 94$

⑯ $256 \times 66$

✂ 자르는 선

# 066 단계 실력 진단 평가 1회

## 몫십으로 나누기

| 제한 시간 | 맞힌 개수 | 선생님 확인 |
|---|---|---|
| 20분 | /20 | |

정답 22쪽

나눗셈을 하세요.

1. $30\overline{)160}$

2. $60\overline{)320}$

3. $50\overline{)240}$

4. $60\overline{)410}$

11. $40\overline{)295}$

12. $50\overline{)393}$

13. $60\overline{)511}$

14. $70\overline{)248}$

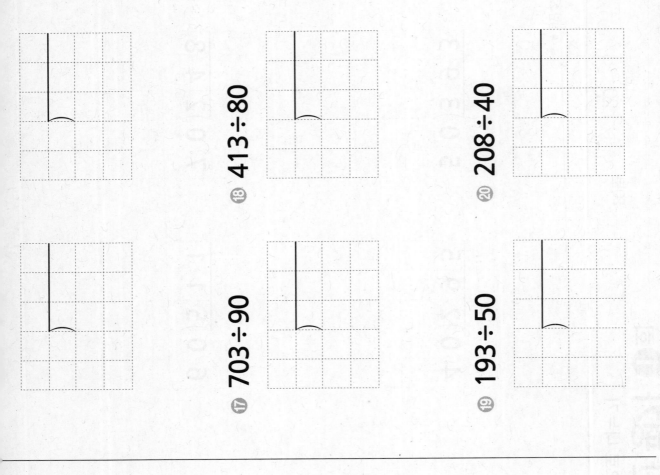

⑦ 798÷90

⑧ 634÷90

⑨ 543÷70

⑩ 378÷60

⑰ 703÷90

⑱ 413÷80

⑲ 193÷50

⑳ 208÷40

✂ 자르는 선

# 067단계 실력 진단 평가 ❶회

(두 자리 수)÷(두 자리 수)

| 제한 시간 | 맞힌 개수 | 선생님 확인 |
|---|---|---|
| 20분 | /20 | |

정답 23쪽

나눗셈을 하세요.

❶ $13\overline{)39}$

❷ $25\overline{)50}$

❸ $42\overline{)85}$

❹ $36\overline{)91}$

⑪ $24\overline{)96}$

⑫ $28\overline{)89}$

⑬ $54\overline{)93}$

⑭ $23\overline{)67}$

❼ 72÷38

❽ 68÷25

❾ 43÷14

❿ 95÷32

⓱ 99÷12

⓲ 76÷53

⓳ 93÷21

⓴ 82÷32

068 단계

# 실력 진단 평가 1회

(세 자리 수)÷(두 자리 수) (1)

| 제한 시간 | 맞힌 개수 | 선생님 확인 |
|---|---|---|
| 20분 | /20 | |

정답 23쪽

나눗셈을 하세요.

❶ $45\overline{)405}$

❷ $55\overline{)445}$

❸ $67\overline{)386}$

❹ $81\overline{)608}$

⓫ $82\overline{)484}$

⓬ $66\overline{)244}$

⓭ $79\overline{)316}$

⓮ $87\overline{)781}$

⑦ 598÷86

⑧ 693÷96

⑨ 423÷77

⑩ 328÷62

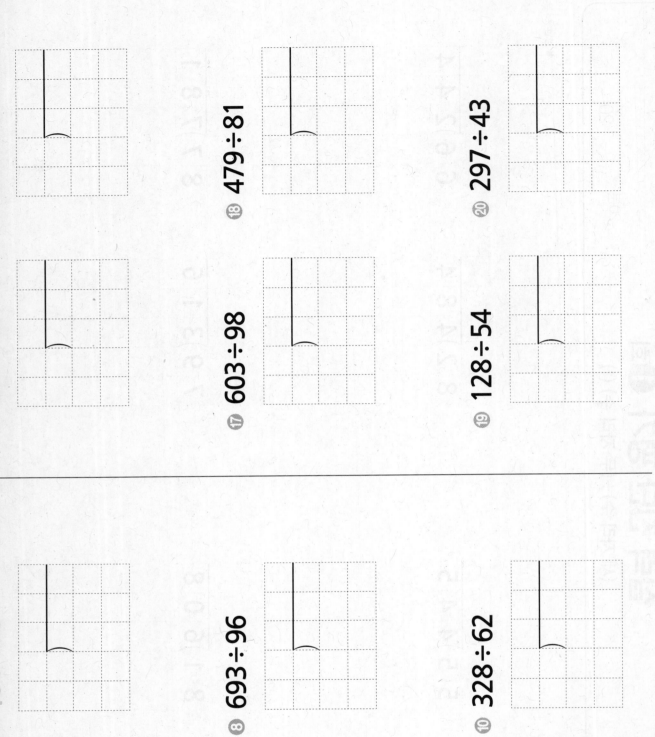

⑰ 603÷98

⑱ 479÷81

⑲ 128÷54

⑳ 297÷43

068 단계

# 실력 진단 평가 2회

(세 자리 수)÷(두 자리 수) (1)

| 제한 시간 | 맞힌 개수 | 선생님 확인 |
| --- | --- | --- |
| 20분 | /20 | |

정답 23쪽

나눗셈을 하세요.

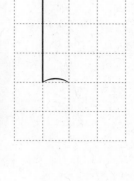

❶ 597÷83

❷ 432÷71

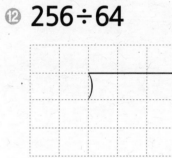

❸ 695÷85

❹ 167÷47

⓫ 760÷93

⓬ 256÷64

⓭ 378÷74

⓮ 163÷49

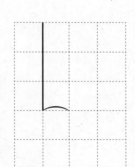

⑤ $94\overline{)788}$

⑥ $85\overline{)549}$

⑦ $62\overline{)474}$

⑧ $73\overline{)511}$

⑨ $58\overline{)164}$

⑩ $49\overline{)369}$

⑮ $59\overline{)186}$

⑯ $97\overline{)638}$

⑰ $71\overline{)325}$

⑱ $64\overline{)412}$

⑲ $93\overline{)586}$

⑳ $55\overline{)325}$

# 067 단계 실력 진단 평가 ❷회

(두 자리 수)÷(두 자리 수)

| 제한 시간 | 맞힌 개수 | 선생님 확인 |
|---|---|---|
| 20분 | /20 | |

정답 23쪽

나눗셈을 하세요.

① $64 \div 21$

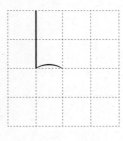

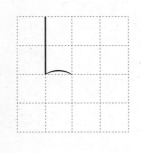

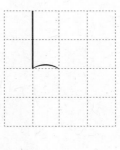

② $76 \div 37$

③ $92 \div 46$

④ $89 \div 14$

⑤ $58 \div 16$

⑥ $96 \div 66$

⑪ $81 \div 19$

⑫ $54 \div 27$

⑬ $94 \div 16$

⑭ $72 \div 13$

⑮ $66 \div 32$

⑯ $88 \div 24$

⑤ $27\overline{)72}$

⑥ $16\overline{)77}$

⑦ $55\overline{)98}$

⑧ $29\overline{)86}$

⑨ $14\overline{)68}$

⑩ $35\overline{)93}$

⑮ $42\overline{)98}$

⑯ $11\overline{)74}$

⑰ $22\overline{)52}$

⑱ $36\overline{)89}$

⑲ $19\overline{)64}$

⑳ $17\overline{)90}$

066 단계

# 실력 진단 평가 ❷회

몇십으로 나누기

| 제한 시간 | 맞힌 개수 | 선생님 확인 |
| --- | --- | --- |
| 20분 | /20 | |

정답 22쪽

나눗셈을 하세요.

❶ 450÷60

❷ 590÷90

❸ 620÷80

❹ 180÷40

❺ 340÷50

❻ 460÷70

⑪ 465÷90

⑫ 217÷80

⑬ 392÷50

⑭ 116÷40

⑮ 526÷70

⑯ 224÷60

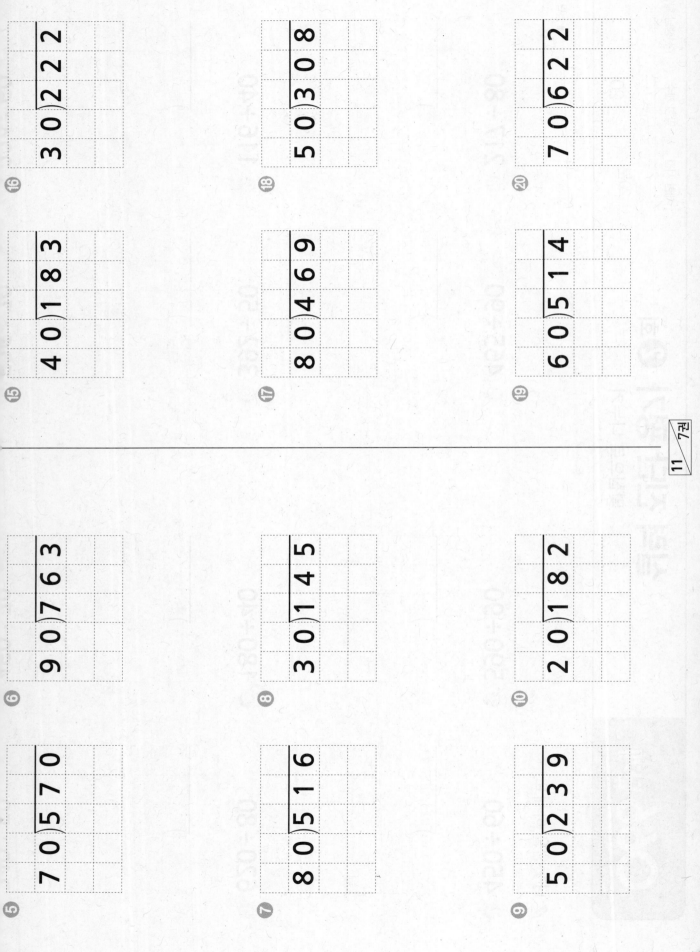

⑤ $570 \div 70$ (70)570)

⑥ $763 \div 90$ (90)763)

⑦ $516 \div 80$ (80)516)

⑧ $145 \div 30$ (30)145)

⑨ $239 \div 50$ (50)239)

⑩ $182 \div 20$ (20)182)

⑮ $183 \div 40$ (40)183)

⑯ $222 \div 30$ (30)222)

⑰ $469 \div 80$ (80)469)

⑱ $308 \div 50$ (50)308)

⑲ $514 \div 60$ (60)514)

⑳ $622 \div 70$ (70)622)

065 단계

# 실력 진단 평가 ❷회

(세 자리 수)×(두 자리 수)

| 제한 시간 | 맞힌 개수 | 선생님 확인 |
|---|---|---|
| 20분 | /16 | |

정답 22쪽

곱셈을 하세요.

❶ 513×36

❷ 385×62

❸ 648×71

❹ 219×55

❾ 439×74

❿ 934×56

⓫ 588×26

⓬ 329×49

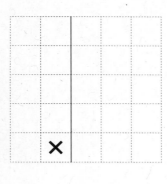

❺
$$\begin{array}{r} 391 \\ \times \quad 65 \\ \hline \end{array}$$

❻
$$\begin{array}{r} 922 \\ \times \quad 15 \\ \hline \end{array}$$

❼
$$\begin{array}{r} 542 \\ \times \quad 42 \\ \hline \end{array}$$

❽
$$\begin{array}{r} 761 \\ \times \quad 29 \\ \hline \end{array}$$

⓭
$$\begin{array}{r} 293 \\ \times \quad 65 \\ \hline \end{array}$$

⓮
$$\begin{array}{r} 902 \\ \times \quad 74 \\ \hline \end{array}$$

⓯
$$\begin{array}{r} 374 \\ \times \quad 83 \\ \hline \end{array}$$

⓰
$$\begin{array}{r} 179 \\ \times \quad 96 \\ \hline \end{array}$$

자르는 선

# 069단계 실력 진단 평가 ❶회

## (세 자리 수)÷(두 자리 수) (2)

| 제한 시간 | 맞힌 개수 | 선생님 확인 |
|---|---|---|
| 20분 | / 16 | |

정답 23쪽

나눗셈을 하세요.

① $26\overline{)639}$

② $42\overline{)815}$

③ $16\overline{)732}$

④ $67\overline{)958}$

⑨ $13\overline{)946}$

⑩ $12\overline{)454}$

⑪ $36\overline{)796}$

⑫ $29\overline{)587}$

⑤ $859 \div 42$

⑥ $371 \div 12$

⑦ $968 \div 36$

⑧ $943 \div 17$

⑬ $850 \div 25$

⑭ $738 \div 39$

⑮ $699 \div 13$

⑯ $934 \div 26$

자르는 선

# 070단계 실력 진단 평가 ❶회

## 곱셈과 나눗셈 종합

| 제한 시간 | 맞힌 개수 | 선생님 확인 |
|---|---|---|
| 20분 | /20 | |

정답 24쪽

곱셈을 하세요.

❶ $24 \times 97$

❷ $84 \times 45$

❸ $44 \times 36$

❹ $68 \times 42$

❺ 217

❻ 629

나눗셈을 하세요.

⓫ $9\overline{)356}$

⓬ $6\overline{)452}$

⓭ $4\overline{)256}$

⓮ $5\overline{)343}$

⓯

⓰

⑦ 585×65

⑧ 891×62

⑨ 756×28

⑩ 624×73

⑰ 984÷23

⑱ 555÷19

⑲ 621÷14

⑳ 863÷37

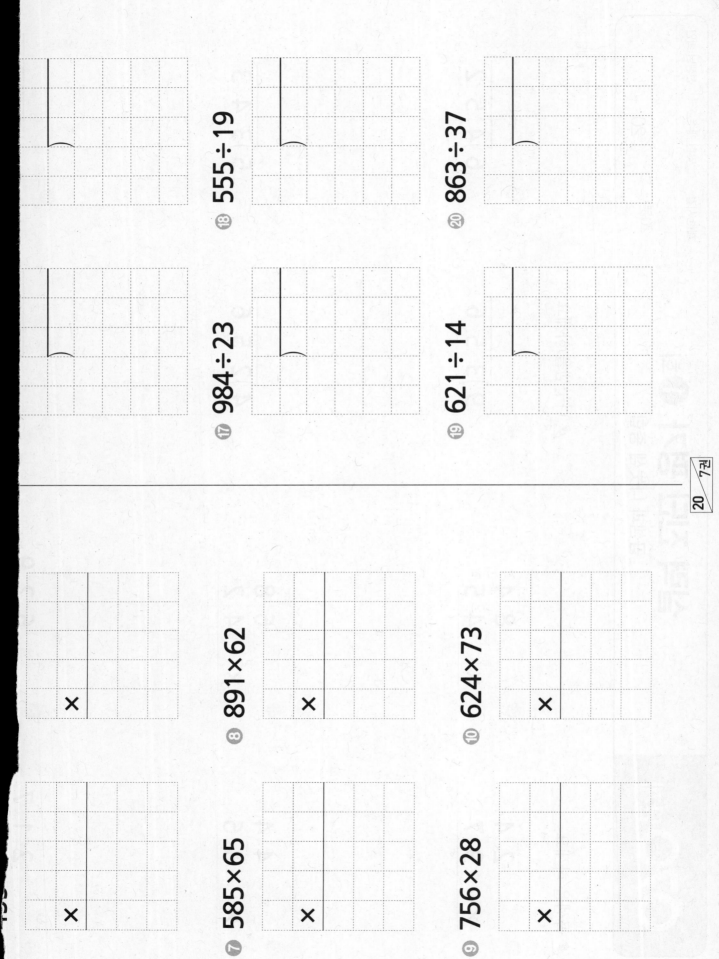

# 실력 진단 평가 정답

## 061 단계

### 061단계 실력 진단 평가 1회 — 다섯 자리 수

| 제한 시간 | 맞힌 개수 | 선생님 확인 |
| --- | --- | --- |
| 15분 | /14 | |

■ 정답 21쪽

빈칸에 알맞은 수를 써넣으세요.

1. 10000이 2개, 1000이 6개, 100이 5개, 10이 4개, 1이 7개이면 [26547] 입니다.
2. 10000이 8개, 1000이 9개, 100이 1개, 10이 3개, 1이 2개이면 [89132] 입니다.
3. 10000이 5개, 1000이 6개, 100이 9개, 10이 4개, 1이 6개이면 [56946] 입니다.
4. 10000이 7개, 1000이 2개, 100이 2개, 10이 7개, 1이 4개이면 [72274] 입니다.
5. 10000이 3개, 1000이 2개, 100이 8개, 10이 7개, 1이 1개이면 [32871] 입니다.
6. 10000이 6개, 1000이 4개, 100이 9개, 10이 1개, 1이 7개이면 [64917] 입니다.
7. 10000이 9개, 1000이 3개, 100이 4개, 10이 7개, 1이 8개이면 [93478] 입니다.
8. 10000이 4개, 1000이 0개, 100이 2개, 10이 2개, 1이 5개이면 [40225] 입니다.
9. 10000이 1개, 1000이 8개, 100이 3개, 10이 8개, 1이 6개이면 [18386] 입니다.
10. 10000이 7개, 1000이 7개, 100이 5개, 10이 0개, 1이 4개이면 [77504] 입니다.
11. 10000이 6개, 1000이 2개, 100이 1개, 10이 7개, 1이 3개이면 [62173] 입니다.
12. 10000이 1개, 1000이 4개, 100이 8개, 10이 9개, 1이 6개이면 [14896] 입니다.
13. 10000이 2개, 1000이 5개, 100이 5개, 10이 4개, 1이 0개이면 [25540] 입니다.
14. 10000이 8개, 1000이 0개, 100이 0개, 10이 2개, 1이 9개이면 [80029] 입니다.



### 061단계 실력 진단 평가 2회 — 다섯 자리 수

| 제한 시간 | 맞힌 개수 | 선생님 확인 |
| --- | --- | --- |
| 20분 | /20 | |

■ 정답 21쪽

주어진 수를 각 자리의 숫자가 나타내는 값의 합으로 나타내세요.

1. 24768 = 20000 + [4000] + [700] + 60 + 8
2. 85814 = [80000] + [5000] + 800 + 10 + 4
3. 62371 = [60000] + 2000 + [300] + 70 + 1
4. 97156 = 90000 + [7000] + 100 + [50] + 6
5. 57538 = 50000 + [7000] + [500] + [30] + 8
6. 43806 = [40000] + 3000 + [800] + 6
7. 24755 = 20000 + [4000] + 700 + [50] + [5]
8. 58069 = [50000] + [8000] + [60] + 9
9. 12374 = [10000] + 2000 + [300] + [70] + 4
10. 89042 = 80000 + [9000] + [40] + [2]
11. 34050 = [30000] + [4000] + [50]
12. 79422 = [70000] + [9000] + [400] + 20 + 2
13. 58620 = [50000] + 8000 + [600] + [20]
14. 47332 = [40000] + [7000] + [300] + 30 + [2]
15. 26714 = [20000] + [6000] + 700 + [10] + [4]
16. 63000 = [60000] + [3000]
17. 97112 = [90000] + 7000 + [100] + [10] + [2]
18. 37009 = [30000] + 7000 + [9]
19. 80765 = 80000 + [700] + [60] + [5]
20. 94002 = [90000] + [4000] + [2]



## 062 단계

### 062단계

빈칸에 알맞은 수나 말을 써넣으세요.

1. 320000은 만이 [32] 개인 수입니다.
2. 850000은 만이 [85] 개인 수입니다.
3. 7530000은 만이 [753] 개인 수입니다
4. 9130000은 만이 [913] 개인 수입니다
5. 64210000은 만이 [6421] 개인 수입니
6. 45830000은 만이 [4583] 개인 수입니
7. 592311은 만이 [59] 개, 일이 [2311 입니다.
8. 358616은 만이 [35] 개, 일이 [8616 입니다.

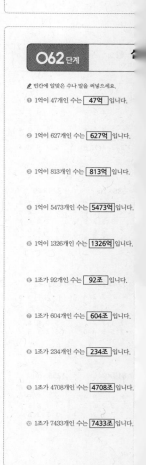

### 062단계

빈칸에 알맞은 수나 말을 써넣으세요.

1. 1억이 47개인 수는 [47억] 입니다.
2. 1억이 627개인 수는 [627억] 입니다.
3. 1억이 813개인 수는 [813억] 입니다.
4. 1억이 5473개인 수는 [5473억] 입니다.
5. 1억이 1326개인 수는 [1326억] 입니다.
6. 1조가 92개인 수는 [92조] 입니다.
7. 1조가 604개인 수는 [604조] 입니다.
8. 1조가 234개인 수는 [234조] 입니다.
9. 1조가 4708개인 수는 [4708조] 입니다.
10. 1조가 7433개인 수는 [7433조] 입니다.

자르는 선

가 ❶회
(…리 수)

| 제한 시간 | 맞힌 개수 | 선생님 확인 |
| --- | --- | --- |
| 20분 | /16 | |

정답 22쪽

⑨ 649 × 37 = 4543, 1947, 24013
⑩ 532 × 63 = 1596, 3192, 33516
⑪ 806 × 48 = 6448, 3224, 38688
⑫ 424 × 83 = 1272, 3392, 35192
⑬ 293 × 65 = 1465, 1758, 19045
⑭ 902 × 74 = 3608, 6314, 66748
⑮ 374 × 83 = 1122, 2992, 31042
⑯ 179 × 96 = 1074, 1611, 17184

가 ❷회
(…리 수)

| 제한 시간 | 맞힌 개수 | 선생님 확인 |
| --- | --- | --- |
| 20분 | /16 | |

정답 22쪽

⑨ 439×74 — 439 × 74 = 1756, 3073, 32486
⑩ 934×56 — 934 × 56 = 5604, 4670, 52304
⑪ 588×26 — 588 × 26 = 3528, 1176, 15288
⑫ 329×49 — 329 × 49 = 2961, 1316, 16121
⑬ 724×35 — 724 × 35 = 3620, 2172, 25340
⑭ 636×82 — 636 × 82 = 1272, 5088, 52152
⑮ 813×94 — 813 × 94 = 3252, 7317, 76422
⑯ 256×66 — 256 × 66 = 1536, 1536, 16896

## 066 단계 실력 진단 평가 ❶회
몇십으로 나누기

| 제한 시간 | 맞힌 개수 | 선생님 확인 |
| --- | --- | --- |
| 20분 | /20 | |

정답 22쪽

나눗셈을 하세요.

① 5, 30)160, 150, 10
② 5, 60)320, 300, 20
③ 4, 50)240, 200, 40
④ 6, 60)410, 360, 50
⑤ 8, 70)570, 560, 10
⑥ 8, 90)763, 720, 43
⑦ 6, 80)516, 480, 36
⑧ 4, 30)145, 120, 25
⑨ 4, 50)239, 200, 39
⑩ 9, 20)182, 180, 2
⑪ 7, 40)295, 280, 15
⑫ 7, 50)393, 350, 43
⑬ 8, 60)511, 480, 31
⑭ 3, 70)248, 210, 38
⑮ 4, 40)183, 160, 23
⑯ 7, 30)222, 210, 12
⑰ 5, 80)469, 400, 69
⑱ 6, 50)308, 300, 8
⑲ 8, 60)514, 480, 34
⑳ 8, 70)622, 560, 62



## 066 단계 실력 진단 평가 ❷회
몇십으로 나누기

| 제한 시간 | 맞힌 개수 | 선생님 확인 |
| --- | --- | --- |
| 20분 | /20 | |

정답 22쪽

나눗셈을 하세요.

① 450÷60 — 7, )450, 420, 30
② 590÷90 — 6, 90)590, 540, 50
③ 620÷80 — 7, 80)620, 560, 60
④ 180÷40 — 4, 40)180, 160, 20
⑤ 340÷50 — 6, 50)340, 300, 40
⑥ 460÷70 — 6, 70)460, 420, 40
⑦ 798÷90 — 8, 90)798, 720, 78
⑧ 634÷90 — 7, 90)634, 630, 4
⑨ 543÷70 — 7, 70)543, 490, 53
⑩ 378÷60 — 6, 60)378, 360, 18
⑪ 465÷90 — 5, 90)465, 450, 15
⑫ 217÷80 — 2, 80)217, 160, 57
⑬ 392÷50 — 7, 50)392, 350, 42
⑭ 116÷40 — 2, 40)116, 80, 36
⑮ 526÷70 — 7, 70)526, 490, 36
⑯ 224÷60 — 3, 60)224, 180, 44
⑰ 703÷90 — 7, 90)703, 630, 73
⑱ 413÷80 — 5, 80)413, 400, 13
⑲ 193÷50 — 3, 50)193, 150, 43
⑳ 208÷40 — 5, 40)208, 200, 8

자르는 선

# 067 단계

## 067 단계 실력 진단 평가 ❶회
(두 자리 수)÷(두 자리 수)

| 제한 시간 | 맞힌 개수 | 선생님 확인 |
| --- | --- | --- |
| 20분 | /20 | |

■ 정답 23쪽

나눗셈을 하세요.

❶ 13)39 → 몫 3, 39, 0
❷ 25)50 → 몫 2, 50, 0
❸ 42)85 → 몫 2, 84, 1
❹ 36)91 → 몫 2, 72, 19
❺ 27)72 → 몫 2, 54, 18
❻ 16)77 → 몫 4, 64, 13
❼ 55)98 → 몫 1, 55, 43
❽ 29)86 → 몫 2, 58, 28
❾ 14)68 → 몫 4, 56, 12
❿ 35)93 → 몫 2, 70, 23
⓫ 24)96 → 몫 4, 96, 0
⓬ 28)89 → 몫 3, 84, 5
⓭ 54)93 → 몫 1, 54, 39
⓮ 23)67 → 몫 2, 46, 21
⓯ 42)98 → 몫 2, 84, 14
⓰ 11)74 → 몫 6, 66, 8
⓱ 22)52 → 몫 2, 44, 8
⓲ 36)89 → 몫 2, 72, 17
⓳ 19)64 → 몫 3, 57, 7
⓴ 17)90 → 몫 5, 85, 5



## 067 단계 실력 진단 평가 ❷회
(두 자리 수)÷(두 자리 수)

| 제한 시간 | 맞힌 개수 | 선생님 확인 |
| --- | --- | --- |
| 20분 | /20 | |

■ 정답 23쪽

나눗셈을 하세요.

❶ 64÷21: 21)64 → 몫 3, 63, 1
❷ 76÷37: 37)76 → 몫 2, 74, 2
❸ 92÷46: 46)92 → 몫 2, 92, 0
❹ 89÷14: 14)89 → 몫 6, 84, 5
❺ 58÷16: 16)58 → 몫 3, 48, 10
❻ 96÷66: 66)96 → 몫 1, 66, 30
❼ 72÷38: 38)72 → 몫 1, 38, 34
❽ 68÷25: 25)68 → 몫 2, 50, 18
❾ 43÷14: 14)43 → 몫 3, 42, 1
❿ 95÷32: 32)95 → 몫 2, 64, 31
⓫ 81÷19: 19)81 → 몫 4, 76, 5
⓬ 54÷27: 27)54 → 몫 2, 54, 0
⓭ 94÷16: 16)94 → 몫 5, 80, 14
⓮ 72÷13: 13)72 → 몫 5, 65, 7
⓯ 66÷32: 32)66 → 몫 2, 64, 2
⓰ 88÷24: 24)88 → 몫 3, 72, 16
⓱ 99÷12: 12)99 → 몫 8, 96, 3
⓲ 76÷53: 53)76 → 몫 1, 53, 23
⓳ 93÷21: 21)93 → 몫 4, 84, 9
⓴ 82÷32: 32)82 → 몫 2, 64, 18



# 068 단계

## 068 단계 실력 진단 평
(세 자리 수)÷(두 자

나눗셈을 하세요.

❶ 45)405 → 몫 9, 405, 0
❷ 55)445 → 몫 8, 440, 5
❸ 67)386 → 몫 5, 335, 51
❹ 81)608 → 몫 7, 567, 41
❺ 94)788 → 몫 8, 752, 36
❻ 85)549 → 몫 6, 510, 39
❼ 62)474 → 몫 7, 434, 40
❽ 73)511 → 몫 7, 511, 0
❾ 58)164 → 몫 2, 116, 48
❿ 49)369 → 몫 7, 343, 26



## 068 단계 실력 진단 평
(세 자리 수)÷(두 자

나눗셈을 하세요.

❶ 597÷83: 83)597 → 몫 7, 581, 16
❷ 432÷71: 71)432 → 몫 6, 426, 6
❸ 695÷85: 85)695 → 몫 8, 680, 15
❹ 167÷47: 47)167 → 몫 3, 141, 26
❺ 368÷92: 92)368 → 몫 4, 368, 0
❻ 131÷75: 75)131 → 몫 1, 75, 56
❼ 598÷86: 86)598 → 몫 6, 516, 82
❽ 693÷96: 96)693 → 몫 7, 672, 21
❾ 423÷77: 77)423 → 몫 5, 385, 38
❿ 328÷62: 62)328 → 몫 5, 310, 18

# 070 단계

## 070단계 실력 진단 평가 ❶회
곱셈과 나눗셈 종합

| 제한 시간 | 맞힌 개수 | 선생님 확인 |
|---|---|---|
| 20분 | /20 | |

■ 정답 24쪽

곱셈을 하세요.

① 24 × 97 : 168, 216, 2328

② 84 × 45 : 420, 336, 3780

③ 44 × 36 : 264, 132, 1584

④ 68 × 42 : 136, 272, 2856

⑤ 217 × 40 : 8680

⑥ 629 × 50 : 31450

⑦ 165 × 43 : 495, 660, 7095

⑧ 275 × 13 : 825, 275, 3575

⑨ 537 × 29 : 4833, 1074, 15573

⑩ 628 × 49 : 5652, 2512, 30772

나눗셈을 하세요.

⑪ 9)356 : 몫 39 / 27, 86, 81, 5

⑫ 6)452 : 몫 75 / 42, 32, 30, 2

⑬ 4)256 : 몫 64 / 24, 16, 16, 0

⑭ 5)343 : 몫 68 / 30, 43, 40, 3

⑮ 24)389 : 몫 16 / 24, 149, 144, 5

⑯ 18)603 : 몫 33 / 54, 63, 54, 9

⑰ 35)527 : 몫 15 / 35, 177, 175, 2

⑱ 42)924 : 몫 22 / 84, 84, 84, 0

⑲ 54)389 : 몫 7 / 378, 11

⑳ 47)925 : 몫 19 / 47, 455, 423, 32



## 070단계 실력 진단 평가 ❷회
곱셈과 나눗셈 종합

| 제한 시간 | 맞힌 개수 | 선생님 확인 |
|---|---|---|
| 20분 | /20 | |

■ 정답 24쪽

곱셈을 하세요.

① 13×43 : 39, 52, 559

② 32×25 : 160, 64, 800

③ 63×38 : 504, 189, 2394

④ 31×39 : 279, 93, 1209

⑤ 455×30 : 13650

⑥ 961×70 : 67270

⑦ 585×65 : 2925, 3510, 38025

⑧ 891×62 : 1782, 5346, 55242

⑨ 756×28 : 6048, 1512, 21168

⑩ 624×73 : 1872, 4368, 45552

나눗셈을 하세요.

⑪ 654÷8 : 몫 81 / 64, 14, 8, 6

⑫ 370÷9 : 몫 41 / 36, 10, 9, 1

⑬ 508÷7 : 몫 72 / 49, 18, 14, 4

⑭ 284÷9 : 몫 31 / 27, 14, 9, 5

⑮ 798÷62 : 몫 12 / 62, 178, 124, 54

⑯ 479÷14 : 몫 34 / 42, 59, 56, 3

⑰ 984÷23 : 몫 42 / 92, 64, 46, 18

⑱ 555÷19 : 몫 29 / 38, 175, 171, 4

⑲ 621÷14 : 몫 44 / 56, 61, 56, 5

⑳ 863÷37 : 몫 23 / 74, 123, 111, 12

가 ❶회

(…리 수) (1)

| 제한 시간 | 맞힌 개수 | 선생님 확인 |
| --- | --- | --- |
| 20분 | /20 | |

■ 정답 23쪽

- ⑪ 82)484, 몫 5: 410 / 74
- ⑫ 66)244, 몫 3: 198 / 46
- ⑬ 79)316, 몫 4: 316 / 0
- ⑭ 87)781, 몫 8: 696 / 85
- ⑮ 59)186, 몫 3: 177 / 9
- ⑯ 97)638, 몫 6: 582 / 56
- ⑰ 71)325, 몫 4: 284 / 41
- ⑱ 64)412, 몫 6: 384 / 28
- ⑲ 93)586, 몫 6: 558 / 28
- ⑳ 55)325, 몫 5: 275 / 50

가 ❷회

(…수) (1)

| 제한 시간 | 맞힌 개수 | 선생님 확인 |
| --- | --- | --- |
| 20분 | /20 | |

■ 정답 23쪽

- ⑪ 760÷93, 93)760, 몫 8: 744 / 16
- ⑫ 256÷64, 64)256, 몫 4: 256 / 0
- ⑬ 378÷74, 74)378, 몫 5: 370 / 8
- ⑭ 163÷49, 49)163, 몫 3: 147 / 16
- ⑮ 226÷83, 83)226, 몫 2: 166 / 60
- ⑯ 253÷68, 68)253, 몫 3: 204 / 49
- ⑰ 603÷98, 98)603, 몫 6: 588 / 15
- ⑱ 479÷81, 81)479, 몫 5: 405 / 74
- ⑲ 128÷54, 54)128, 몫 2: 108 / 20
- ⑳ 297÷43, 43)297, 몫 6: 258 / 39

## 069단계 실력 진단 평가 ❶회

(세 자리 수)÷(두 자리 수) (2)

| 제한 시간 | 맞힌 개수 | 선생님 확인 |
| --- | --- | --- |
| 20분 | /16 | |

■ 정답 23쪽

나눗셈을 하세요.

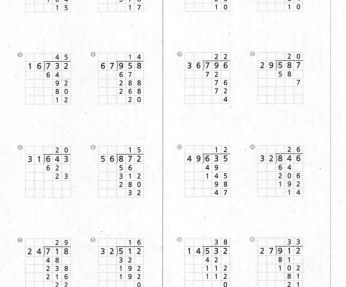

- ❶ 26)639, 몫 24: 52 / 119 / 104 / 15
- ❷ 42)815, 몫 19: 42 / 395 / 378 / 17
- ❸ 16)732, 몫 45: 64 / 92 / 80 / 12
- ❹ 67)958, 몫 14: 67 / 288 / 268 / 20
- ❺ 31)643, 몫 20: 62 / 23
- ❻ 56)872, 몫 15: 56 / 312 / 280 / 32
- ❼ 24)718, 몫 29: 48 / 238 / 216 / 22
- ❽ 32)512, 몫 16: 32 / 192 / 192 / 0
- ❾ 13)946, 몫 72: 91 / 36 / 26 / 10
- ❿ 12)454, 몫 37: 36 / 94 / 84 / 10
- ⑪ 36)796, 몫 22: 72 / 76 / 72 / 4
- ⑫ 29)587, 몫 20: 58 / 7
- ⑬ 49)635, 몫 12: 49 / 145 / 98 / 47
- ⑭ 32)846, 몫 26: 64 / 206 / 192 / 14
- ⑮ 14)532, 몫 38: 42 / 112 / 112 / 0
- ⑯ 27)912, 몫 33: 81 / 102 / 81 / 21



## 069단계 실력 진단 평가 ❷회

(세 자리 수)÷(두 자리 수) (2)

| 제한 시간 | 맞힌 개수 | 선생님 확인 |
| --- | --- | --- |
| 20분 | /16 | |

■ 정답 23쪽

나눗셈을 하세요.

- ❶ 897÷43, 43)897, 몫 20: 86 / 37
- ❷ 636÷21, 21)636, 몫 30: 63 / 6
- ❸ 945÷55, 55)945, 몫 17: 55 / 395 / 385 / 10
- ❹ 678÷17, 17)678, 몫 39: 51 / 168 / 153 / 15
- ❺ 859÷42, 42)859, 몫 20: 84 / 19
- ❻ 371÷12, 12)371, 몫 30: 36 / 11
- ❼ 968÷36, 36)968, 몫 26: 72 / 248 / 216 / 32
- ❽ 943÷17, 17)943, 몫 55: 85 / 93 / 85 / 8
- ❾ 863÷27, 27)863, 몫 31: 81 / 53 / 27 / 26
- ❿ 748÷62, 62)748, 몫 12: 62 / 128 / 124 / 4
- ⑪ 908÷14, 14)908, 몫 64: 84 / 68 / 56 / 12
- ⑫ 654÷28, 28)654, 몫 23: 56 / 94 / 84 / 10
- ⑬ 850÷25, 25)850, 몫 34: 75 / 100 / 100 / 0
- ⑭ 738÷39, 39)738, 몫 18: 39 / 348 / 312 / 36
- ⑮ 699÷13, 13)699, 몫 53: 65 / 49 / 39 / 10
- ⑯ 934÷26, 26)934, 몫 35: 78 / 154 / 130 / 24

# 064 단계

## 064 단계 실력 진단 평가 ❶회
(세 자리 수)×(몇십)

| 제한 시간 | 맞힌 개수 | 선생님 확인 |
|---|---|---|
| 20분 | /24 | |

▮ 정답 22쪽

곱셈을 하세요.

① 400 × 60 = 24000
② 200 × 80 = 16000
③ 500 × 30 = 15000
④ 700 × 50 = 35000
⑤ 300 × 70 = 21000
⑥ 900 × 40 = 36000
⑦ 251 × 60 = 15060
⑧ 537 × 30 = 16110
⑨ 832 × 70 = 58240
⑩ 164 × 80 = 13120
⑪ 708 × 40 = 28320
⑫ 935 × 60 = 56100
⑬ 357 × 40 = 14280
⑭ 416 × 70 = 29120
⑮ 733 × 60 = 43980
⑯ 256 × 80 = 20480
⑰ 521 × 90 = 46890
⑱ 148 × 60 = 8880
⑲ 612 × 30 = 18360
⑳ 806 × 40 = 32240
㉑ 475 × 40 = 19000
㉒ 152 × 90 = 13680
㉓ 723 × 80 = 57840
㉔ 534 × 50 = 26700



## 064 단계 실력 진단 평가 ❷회
(세 자리 수)×(몇십)

| 제한 시간 | 맞힌 개수 | 선생님 확인 |
|---|---|---|
| 25분 | /32 | |

▮ 정답 22쪽

곱셈을 하세요.

① 200×60=12000 ② 500×40=20000
③ 300×80=24000 ④ 400×70=28000
⑤ 700×30=21000 ⑥ 800×90=72000
⑦ 347×20=6940 ⑧ 476×90=42840
⑨ 255×80=20400 ⑩ 328×40=13120
⑪ 271×90=24390 ⑫ 566×80=45280
⑬ 406×40=16240 ⑭ 519×70=36330
⑮ 483×20=9660 ⑯ 245×50=12250
⑰ 564×50=28200 ⑱ 471×70=32970
⑲ 293×20=5860 ⑳ 912×50=45600
㉑ 262×40=10480 ㉒ 817×60=49020
㉓ 635×70=44450 ㉔ 324×60=19440
㉕ 455×30=13650 ㉖ 586×20=11720
㉗ 739×50=36950 ㉘ 143×80=11440
㉙ 824×30=24720 ㉚ 662×40=26480
㉛ 752×60=45120 ㉜ 353×70=24710



# 065 단계

## 065 단계 실력 진단 평
(세 자리 수)×(두

곱셈을 하세요.

① 152 × 33
456
456
5016

② 473 × 25
2365
946
11825

③ 275 × 86
1650
2200
23650

④ 831 × 54
3324
4155
44874

⑤ 391 × 65
1955
2346
25415

⑥ 922 × 15
4610
922
13830

⑦ 542 × 42
1084
2168
22764

⑧ 761 × 29
6849
1522
22069



## 065 단계 실력 진단 평
(세 자리 수)×(두

곱셈을 하세요.

① 513×36
513 × 36
3078
1539
18468

② 385×62
385 × 62
770
2310
23870

③ 648×71
648 × 71
648
4536
46008

④ 219×55
219 × 55
1095
1095
12045

⑤ 858×44
858 × 44
3432
3432
37752

⑥ 915×29
915 × 29
8235
1830
26535

⑦ 732×66
732 × 66
4392
4392
48312

⑧ 186×58
186 × 58
1488
930
10788

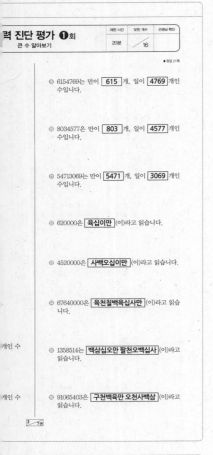

력 진단 평가 ❶회
큰 수 알아보기

| 제한 시간 | 맞힌 개수 | 선생님 확인 |
|---|---|---|
| 20분 | /16 | |

■ 정답 21쪽

⑨ 6154769는 만이 615 개, 일이 4769 개인 수입니다.

⑩ 8034577은 만이 803 개, 일이 4577 개인 수입니다.

⑪ 54713069는 만이 5471 개, 일이 3069 개인 수입니다.

⑫ 620000은 육십이만 (이)라고 읽습니다.

⑬ 4520000은 사백오십이만 (이)라고 읽습니다.

⑭ 67640000은 육천칠백육십사만 (이)라고 읽습니다.

⑮ 1358514는 백삼십오만 팔천오백십사 (이)라고 읽습니다.

⑯ 91065403은 구천백육만 오천사백삼 (이)라고 읽습니다.

개인 수

개인 수



력 진단 평가 ❷회
큰 수 알아보기

| 제한 시간 | 맞힌 개수 | 선생님 확인 |
|---|---|---|
| 20분 | /20 | |

■ 정답 21쪽

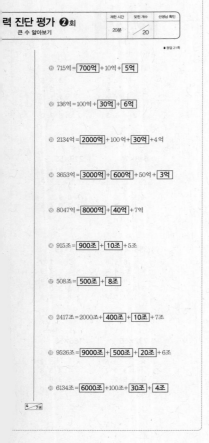

⑪ 715억 = 700억 + 10억 + 5억

⑫ 136억 = 100억 + 30억 + 6억

⑬ 2134억 = 2000억 + 100억 + 30억 + 4억

⑭ 3653억 = 3000억 + 600억 + 50억 + 3억

⑮ 8047억 = 8000억 + 40억 + 7억

⑯ 915조 = 900조 + 10조 + 5조

⑰ 508조 = 500조 + 8조

⑱ 2417조 = 2000조 + 400조 + 10조 + 7조

⑲ 9526조 = 9000조 + 500조 + 20조 + 6조

⑳ 6134조 = 6000조 + 100조 + 30조 + 4조



## 063 단계 실력 진단 평가 ❶회
계산의 활용 – 각도의 합과 차

| 제한 시간 | 맞힌 개수 | 선생님 확인 |
|---|---|---|
| 20분 | /32 | |

■ 정답 21쪽

계산을 하세요.

① 20° + 45° = 65°　② 70° − 30° = 40°

③ 50° + 60° = 110°　④ 85° − 40° = 45°

⑤ 46° + 44° = 90°　⑥ 96° − 32° = 64°

⑦ 62° + 57° = 119°　⑧ 43° − 15° = 28°

⑨ 65° + 19° = 84°　⑩ 82° − 45° = 37°

⑪ 46° + 83° = 129°　⑫ 71° − 53° = 18°

⑬ 106° + 35° = 141°　⑭ 121° − 40° = 81°

⑮ 45° + 158° = 203°　⑯ 183° − 26° = 157°

⑰ 64° + 151° = 215°　⑱ 177° − 58° = 119°

⑲ 162° + 79° = 241°　⑳ 203° − 87° = 116°

㉑ 129° + 55° = 184°　㉒ 191° − 93° = 98°

㉓ 107° + 141° = 248°　㉔ 176° − 133° = 43°

㉕ 147° + 126° = 273°　㉖ 186° − 149° = 37°

㉗ 143° + 189° = 332°　㉘ 221° − 135° = 86°

㉙ 162° + 148° = 310°　㉚ 152° − 118° = 34°

㉛ 153° + 179° = 332°　㉜ 213° − 166° = 47°



## 063 단계 실력 진단 평가 ❷회
계산의 활용 – 각도의 합과 차

| 제한 시간 | 맞힌 개수 | 선생님 확인 |
|---|---|---|
| 20분 | /20 | |

■ 정답 21쪽

빈칸에 알맞은 수를 넣으세요.

① 35° + 30° = 65°

② 50° − 30° = 20°

③ 48° + 31° = 79°

④ 89° − 42° = 47°

⑤ 26° + 55° = 81°

⑥ 63° − 34° = 29°

⑦ 39° + 74° = 113°

⑧ 106° − 68° = 38°

⑨ 29° + 127° = 156°

⑩ 134° − 107° = 27°

⑪ 122° + 37° = 159°

⑫ 75° − 16° = 59°

⑬ 29° + 61° = 90°

⑭ 112° − 48° = 64°

⑮ 57° + 78° = 135°

⑯ 123° − 95° = 28°

⑰ 75° + 108° = 183°

⑱ 202° − 143° = 59°

⑲ 139° + 96° = 235°

⑳ 251° − 138° = 113°

070단계

# 실력 진단 평가 2회

곱셈과 나눗셈 종합

| 제한 시간 | 맞힌 개수 | 선생님 확인 |
|---|---|---|
| 20분 | /20 | |

정답 24쪽

곱셈을 하세요.

① 13×43

② 32×25

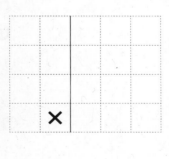

③ 63×38

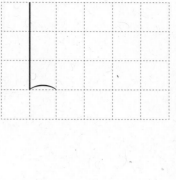

④ 31×39

⑤ 455×30

⑥ 961×70

나눗셈을 하세요.

⑪ 654÷8

⑫ 370÷9

⑬ 508÷7

⑭ 284÷9

⑮ 798÷62

⑯ 479÷14

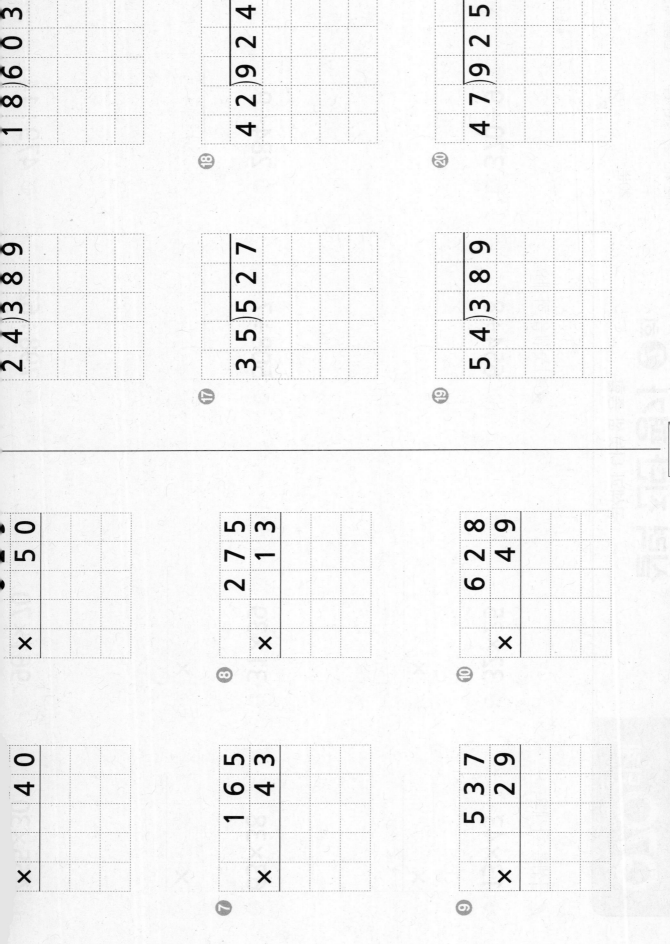

× 40

× 50

⑦ 165 × 43

⑧ 275 × 13

⑨ 537 × 29

⑩ 628 × 49

24)389

18)603

⑰ 35)527

⑱ 42)924

⑲ 54)389

⑳ 47)925

069 단계

# 실력 진단 평가 ❷회

(세 자리 수)÷(두 자리 수) (2)

| 제한 시간 | 맞힌 개수 | 선생님 확인 |
| --- | --- | --- |
| 20분 | /16 | |

정답 23쪽

나눗셈을 하세요.

❶ $897 \div 43$

❷ $636 \div 21$

❸ $945 \div 55$

❹ $678 \div 17$

❾ $863 \div 27$

❿ $748 \div 62$

⓫ $908 \div 14$

⓬ $654 \div 28$

⑤ $31\overline{)643}$

⑥ $56\overline{)872}$

⑦ $24\overline{)718}$

⑧ $32\overline{)512}$

⑬ $49\overline{)635}$

⑭ $32\overline{)846}$

⑮ $14\overline{)532}$

⑯ $27\overline{)912}$

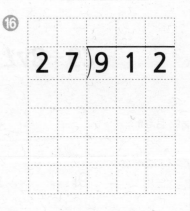

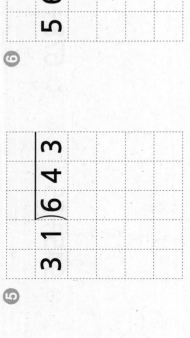

KAIST 출신 수학 선생님들이 집필한

# 계산의 신 神

송명진·박종하 지음

7

초등

4학년 1학기

## 자연수의 곱셈과 나눗셈 심화

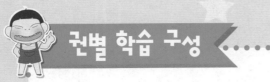

# 권별 학습 구성

## 초등1 1권 | 자연수의 덧셈과 뺄셈 기본 (1)

| | |
|---|---|
| 001단계 | 수를 가르고 모으기 |
| 002단계 | 합이 9까지인 덧셈 |
| 003단계 | 차가 9까지인 뺄셈 |
| | 세 단계 묶어 풀기 |
| | 재미있는 수학이야기 |
| 004단계 | 덧셈과 뺄셈 |
| 005단계 | 10을 가르고 모으기 |
| 006단계 | 10의 덧셈과 뺄셈 |
| | 세 단계 묶어 풀기 |
| | 창의력 쑥쑥! 수학퀴즈 |
| 007단계 | 연이은 덧셈, 뺄셈 |
| 008단계 | 19까지의 수 모으고 가르기 |
| 009단계 | (몇십)+(몇), (몇)+(몇십) |
| | 세 단계 묶어 풀기 |
| | 창의력 쑥쑥! 수학퀴즈 |
| 010단계 | (몇십 몇)±(몇) |
| | 전체 묶어 풀기 |
| | 창의력 쑥쑥! 수학퀴즈 |

## 초등1 2권 | 자연수의 덧셈과 뺄셈 기본 (2)

| | |
|---|---|
| 011단계 | (몇십)±(몇십) |
| 012단계 | (몇십 몇)+(몇십 몇) |
| 013단계 | (몇십 몇)-(몇십 몇) |
| | 세 단계 묶어 풀기 |
| | 창의력 쑥쑥! 수학퀴즈 |
| 014단계 | 받아올림/받아내림이 없는 덧셈과 뺄셈 종합 |
| 015단계 | 세 수의 덧셈과 뺄셈 |
| 016단계 | 연이은 덧셈, 뺄셈 |
| | 세 단계 묶어 풀기 |
| | 창의력 쑥쑥! 수학퀴즈 |
| 017단계 | 받아올림이 있는 (몇)+(몇) |
| 018단계 | 받아내림이 있는 (십몇)-(몇) |
| 019단계 | 받아올림/받아내림이 있는 덧셈과 뺄셈 종합 |
| | 세 단계 묶어 풀기 |
| | 창의력 쑥쑥! 수학퀴즈 |
| 020단계 | 계산의 활용-규칙찾기 |
| | 전체 묶어 풀기 |
| | 재미있는 수학이야기 |

## 초등2 3권 | 자연수의 덧셈과 뺄셈 발전

| | |
|---|---|
| 021단계 | (두 자리 수)+(한 자리 수) |
| 022단계 | (두 자리 수)+(두 자리 수) (1) |
| 023단계 | (두 자리 수)+(두 자리 수) (2) |
| | 세 단계 묶어 풀기 |
| | 창의력 쑥쑥! 수학퀴즈 |
| 024단계 | (두 자리 수)-(한 자리 수) |
| 025단계 | (몇십)-(두 자리 수) |
| 026단계 | (두 자리 수)-(두 자리 수) |
| | 세 단계 묶어 풀기 |
| | 창의력 쑥쑥! 수학퀴즈 |
| 027단계 | 두 자리 수의 덧셈과 뺄셈 종합 |
| 028단계 | 덧셈, 뺄셈의 여러 가지 방법 |
| 029단계 | 덧셈과 뺄셈의 관계 |
| | 세 단계 묶어 풀기 |
| | 창의력 쑥쑥! 수학퀴즈 |
| 030단계 | 세 수의 혼합 계산 |
| | 전체 묶어 풀기 |
| | 창의력 쑥쑥! 수학퀴즈 |

## 초등2 4권 | 네 자리 수/ 곱셈구구

| | |
|---|---|
| 031단계 | 네 자리 수 |
| 032단계 | 각 자리의 숫자가 나타내는 값 |
| 033단계 | 뛰어 세기 |
| | 세 단계 묶어 풀기 |
| | 창의력 쑥쑥! 수학퀴즈 |
| 034단계 | 같은 수 여러 번 더하기 |
| 035단계 | 2, 5, 3, 4의 단 곱셈구구 |
| 036단계 | 6, 7, 8, 9의 단 곱셈구구 (1) |
| | 세 단계 묶어 풀기 |
| | 창의력 쑥쑥! 수학퀴즈 |
| 037단계 | 6, 7, 8, 9의 단 곱셈구구 (2) |
| 038단계 | 곱셈구구 종합 (1) |
| 039단계 | 곱셈구구 종합 (2) |
| | 세 단계 묶어 풀기 |
| | 창의력 쑥쑥! 수학퀴즈 |
| 040단계 | 계산의 활용-길이의 합과 차 |
| | 전체 묶어 풀기 |
| | 재미있는 수학이야기 |

## 초등3 5권 | 자연수의 덧셈과 뺄셈 / 곱셈과 나눗셈

| | |
|---|---|
| 041단계 | (세 자리 수)+(세 자리 수) (1) |
| 042단계 | (세 자리 수)+(세 자리 수) (2) |
| 043단계 | (세 자리 수)-(세 자리 수) (1) |
| | 세 단계 묶어 풀기 |
| | 재미있는 수학이야기 |
| 044단계 | (세 자리 수)-(세 자리 수) (2) |
| 045단계 | 나눗셈 기초 |
| 046단계 | 곱셈구구 범위에서의 나눗셈 |
| | 세 단계 묶어 풀기 |
| | 재미있는 수학이야기 |
| 047단계 | (두 자리 수)×(한 자리 수) (1) |
| 048단계 | (두 자리 수)×(한 자리 수) (2) |
| 049단계 | 길이의 덧셈과 뺄셈 |
| | 세 단계 묶어 풀기 |
| | 재미있는 수학이야기 |
| 050단계 | 시간의 합과 차 |
| | 전체 묶어 풀기 |
| | 창의력 쑥쑥! 수학퀴즈 |

## 초등3 6권 | 자연수의 곱셈과 나눗셈 발전

| | |
|---|---|
| 051단계 | (세 자리 수)×(한 자리 수) (1) |
| 052단계 | (세 자리 수)×(한 자리 수) (2) |
| 053단계 | (두 자리 수)×(두 자리 수) (1) |
| | 세 단계 묶어 풀기 |
| | 창의력 쑥쑥! 수학퀴즈 |
| 054단계 | (두 자리 수)×(두 자리 수) (2) |
| 055단계 | (몇십)÷(몇), (몇백 몇십)÷(몇) |
| 056단계 | (두 자리 수)÷(한 자리 수) (1) |
| | 세 단계 묶어 풀기 |
| | 재미있는 수학이야기 |
| 057단계 | (두 자리 수)÷(한 자리 수) (2) |
| 058단계 | (두 자리 수)÷(한 자리 수) (3) |
| 059단계 | (세 자리 수)÷(한 자리 수) |
| | 세 단계 묶어 풀기 |
| | 재미있는 수학이야기 |
| 060단계 | 들이와 무게의 덧셈과 뺄셈 |
| | 전체 묶어 풀기 |
| | 창의력 쑥쑥! 수학퀴즈 |

## 초등4 | 7권 | 자연수의 곱셈과 나눗셈 심화

| | |
|---|---|
| 061단계 | 다섯 자리 수 |
| 062단계 | 큰 수 알아보기 |
| 063단계 | 계산의 활용-각도의 합과 차 |
| | 세 단계 묶어 풀기 |
| | 창의력 쑥쑥! 수학퀴즈 |
| 064단계 | (세 자리 수)×(몇십) |
| 065단계 | (세 자리 수)×(두 자리 수) |
| 066단계 | 몇십으로 나누기 |
| | 세 단계 묶어 풀기 |
| | 재미있는 수학이야기 |
| 067단계 | (두 자리 수)÷(두 자리 수) |
| 068단계 | (세 자리 수)÷(두 자리 수) (1) |
| 069단계 | (세 자리 수)÷(두 자리 수) (2) |
| | 세 단계 묶어 풀기 |
| | 창의력 쑥쑥! 수학퀴즈 |
| 070단계 | 곱셈과 나눗셈 종합 |
| | 전체 묶어 풀기 |
| | 창의력 쑥쑥! 수학퀴즈 |

## 초등4 | 8권 | 분수와 소수의 덧셈과 뺄셈 기본

| | |
|---|---|
| 071단계 | 분모가 같은 진분수의 덧셈 |
| 072단계 | 분모가 같은 대분수의 덧셈 |
| 073단계 | 분모가 같은 진분수의 뺄셈 |
| | 세 단계 묶어 풀기 |
| | 창의력 쑥쑥! 수학퀴즈 |
| 074단계 | 분모가 같은 대분수의 뺄셈 |
| 075단계 | 대분수와 진분수의 덧셈과 뺄셈 |
| 076단계 | 소수 한 자리 수의 덧셈 |
| | 세 단계 묶어 풀기 |
| | 재미있는 수학이야기 |
| 077단계 | 소수 한 자리 수의 뺄셈 |
| 078단계 | 소수 두 자리 수의 덧셈 |
| 079단계 | 소수 두 자리 수의 뺄셈 |
| | 세 단계 묶어 풀기 |
| | 재미있는 수학이야기 |
| 080단계 | 자릿수가 다른 소수의 덧셈과 뺄셈 |
| | 전체 묶어 풀기 |
| | 재미있는 수학이야기 |

## 초등5 | 9권 | 자연수의 혼합 계산 / 분수의 덧셈과 뺄셈

| | |
|---|---|
| 081단계 | 덧셈과 뺄셈이 섞여 있는 식 계산 |
| 082단계 | 곱셈과 나눗셈이 섞여 있는 식 계산 |
| 083단계 | 덧셈, 뺄셈, 곱셈(나눗셈)의 혼합 계산 |
| | 세 단계 묶어 풀기 |
| | 재미있는 수학이야기 |
| 084단계 | 덧셈, 뺄셈, 곱셈, 나눗셈의 혼합 계산 |
| 085단계 | 약수와 배수 |
| 086단계 | 공약수와 공배수 |
| | 세 단계 묶어 풀기 |
| | 재미있는 수학이야기 |
| 087단계 | 최대공약수와 최소공배수 |
| 088단계 | 약분과 통분 |
| 089단계 | 분모가 다른 분수의 덧셈 |
| | 세 단계 묶어 풀기 |
| | 창의력 쑥쑥! 수학퀴즈 |
| 090단계 | 분모가 다른 분수의 뺄셈 |
| | 전체 묶어 풀기 |
| | 재미있는 수학이야기 |

## 초등5 | 10권 | 분수와 소수의 곱셈

| | |
|---|---|
| 091단계 | 분수와 자연수의 곱셈 |
| 092단계 | 분수의 곱셈(1) |
| 093단계 | 분수의 곱셈(2) |
| | 세 단계 묶어 풀기 |
| | 창의력 쑥쑥! 수학퀴즈 |
| 094단계 | 분수와 소수의 관계 |
| 095단계 | 곱의 소수점의 위치 |
| 096단계 | 소수와 자연수의 곱셈 |
| | 세 단계 묶어 풀기 |
| | 재미있는 수학이야기 |
| 097단계 | 1보다 작은 소수의 곱셈 |
| 098단계 | 1보다 큰 소수의 곱셈 |
| 099단계 | 분수, 소수의 곱셈 종합 |
| | 세 단계 묶어 풀기 |
| | 창의력 쑥쑥! 수학퀴즈 |
| 100단계 | 계산의 활용-평균 |
| | 전체 묶어 풀기 |
| | 창의력 쑥쑥! 수학퀴즈 |

## 초등6 | 11권 | 분수와 소수의 나눗셈 기본

| | |
|---|---|
| 101단계 | 분수의 나눗셈(1) |
| 102단계 | 분수의 나눗셈(2) |
| 103단계 | 소수의 나눗셈(1) |
| | 세 단계 묶어 풀기 |
| | 창의력 쑥쑥! 수학퀴즈 |
| 104단계 | 소수의 나눗셈(2) |
| 105단계 | 소수의 나눗셈(3) |
| 106단계 | 소수의 나눗셈(4) |
| | 세 단계 묶어 풀기 |
| | 창의력 쑥쑥! 수학퀴즈 |
| 107단계 | 소수의 나눗셈(5) |
| 108단계 | 소수의 나눗셈(6) |
| 109단계 | 소수의 나눗셈(7) |
| | 세 단계 묶어 풀기 |
| | 재미있는 수학이야기 |
| 110단계 | 비와 비율 |
| | 전체 묶어 풀기 |
| | 재미있는 수학이야기 |

## 초등6 | 12권 | 분수와 소수의 나눗셈 발전

| | |
|---|---|
| 111단계 | 분수의 나눗셈(3) |
| 112단계 | 분수의 나눗셈(4) |
| 113단계 | 분수의 나눗셈(5) |
| | 세 단계 묶어 풀기 |
| | 창의력 쑥쑥! 수학퀴즈 |
| 114단계 | 분수의 나눗셈(6) |
| 115단계 | 소수의 나눗셈(8) |
| 116단계 | 소수의 나눗셈(9) |
| | 세 단계 묶어 풀기 |
| | 창의력 쑥쑥! 수학퀴즈 |
| 117단계 | 소수의 나눗셈(10) |
| 118단계 | 소수의 나눗셈(11) |
| 119단계 | 가장 작은 자연수의 비로 나타내기 |
| | 세 단계 묶어 풀기 |
| | 재미있는 수학이야기 |
| 120단계 | 비례식과 비례배분 |
| | 전체 묶어 풀기 |
| | 재미있는 수학이야기 |

# 계산의 신 활용 가이드

## 1 매일 자신의 학습을 체크해 보세요.

매일 문제를 풀면서 맞힌 개수를 적고, 걸린 시간 만큼 '스스로 학습 관리표'에 색칠해 보세요. 하루하루 지날수록 실력이 자라고, 계산 속도가 빨라지는 것을 눈으로 확인할 수 있습니다.

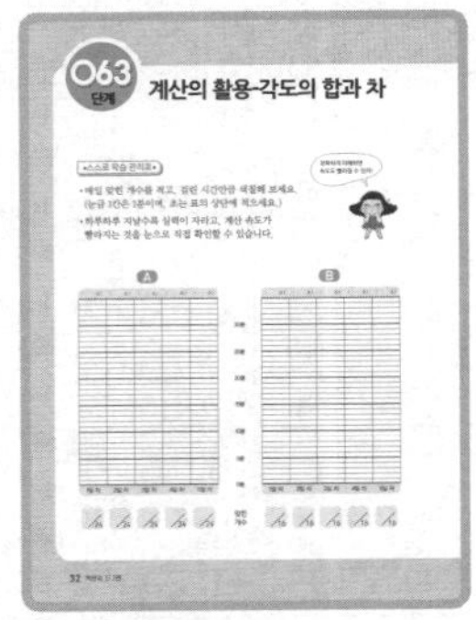


## 2 개념과 연산 과정을 이해하세요.

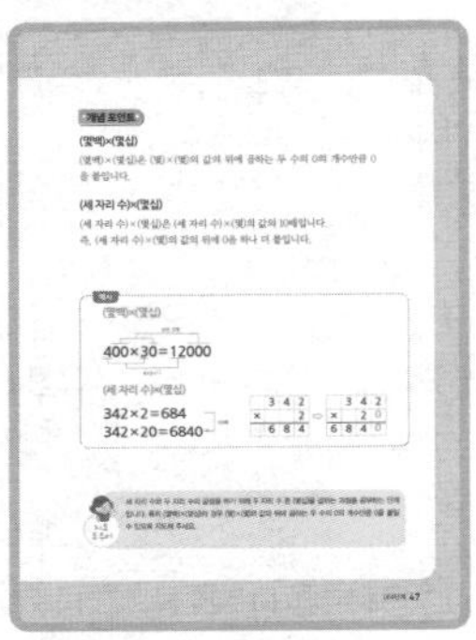


개념을 이해하고 예시를 통해 연산 과정을 확인하면 계산 과정에서 실수를 줄일 수 있어요. 또 아이의 학습을 도와주시는 선생님 또는 부모님을 위해 '지도 도우미'를 제시하였습니다.

## 3 매일 2쪽씩 꾸준히 반복 학습해 보세요.

매일 2쪽씩 5일 동안 차근차근 반복 학습하다 보면 어려운 문제도 두려움 없이 도전할 수 있습니다. 문제를 풀다가 계산 방법을 모를 때는 '개념 포인트'를 다시 한 번 학습한 후 풀어 보세요.

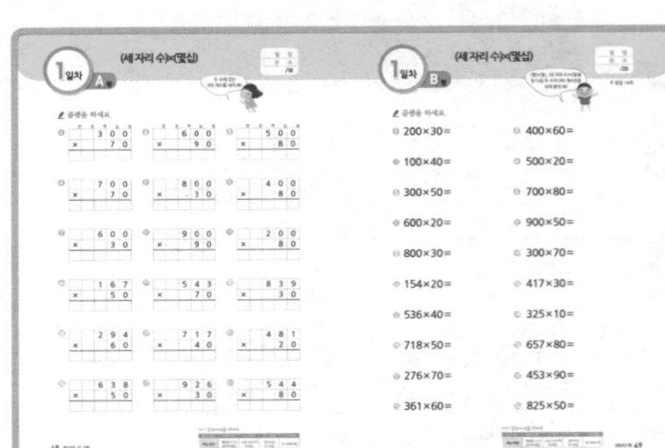

## 4 세 단계마다 또는 전체를 **묶어 복습**해 보세요.

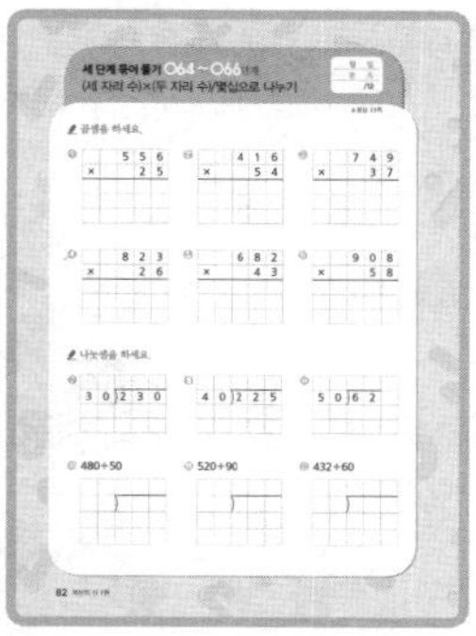

시간이 지나면 아이들은 학습했던 내용을 곧잘 잊어버리는 경향이 있어요. 그래서 세 단계마다 '묶어 풀기', 마지막에는 '전체 묶어 풀기'를 통해 학습했던 내용을 다시 복습할 수 있습니다.

## 5 즐거운 **수학이야기**와 **수학퀴즈** 함께 해요!

묶어 풀기가 끝나면 '재미있는 수학이야기'와 '수학퀴즈'가 기다리고 있어요. 흥미로운 수학이야기와 수학퀴즈는 좌뇌와 우뇌를 고루 발달시켜 주고, 창의성을 키워 준답니다.

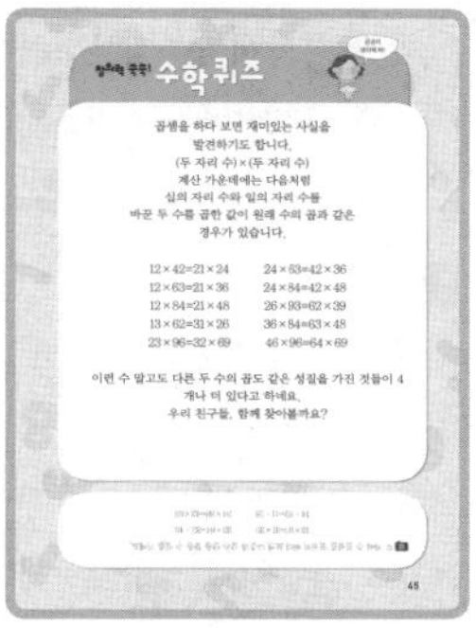

## 6 아이의 **학습 성취도**를 점검해 보세요.

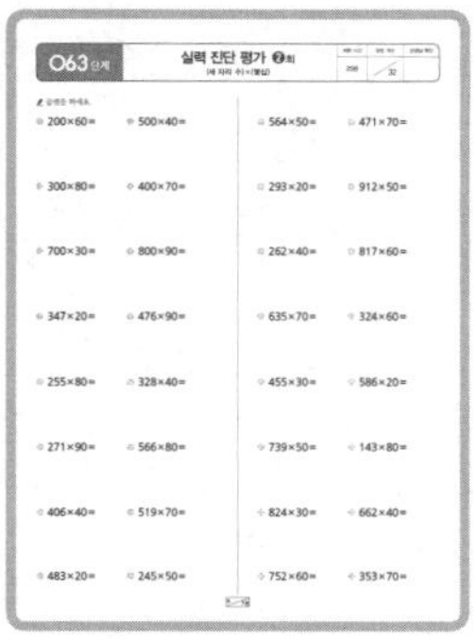

권두부록으로 제시된 '실력 진단 평가'로 아이의 학습 성취도를 점검할 수 있어요. 각 단계별로 2회씩 총 20회가 제공됩니다.

# 차례

## 7권

# 매일 2쪽씩 풀며
# 계산의 신이 되자!

《계산의 신》은 초등학교 1학년부터 6학년 과정까지 총 120단계로 구성되어 있습니다.
매일 2쪽씩 꾸준히 반복 학습을 하면 탄탄한 계산력을 기를 수 있습니다.
더불어 복습할 수 있는 '묶어 풀기'가 있고, 지친 마음을 헤아려 주는
'재미있는 수학이야기'와 '수학퀴즈'가 있습니다.
꿈을담는틀의 《계산의 신》이 준비한 길로 들어오실 준비가 되셨나요?
그 길을 따라 걸으며 문제를 풀고 이야기를 듣다 보면
어느새 계산의 신이 되어 있을 거예요!

★★★★
구성과 일러스트가 인상적!

★★★★★
초등 수학은 이 책이면 끝!

# 061 단계 다섯 자리 수

**◆스스로 학습 관리표◆**

- 매일 맞힌 개수를 적고, 걸린 시간만큼 색칠해 보세요.
  (눈금 1칸은 1분이며, 초는 표의 상단에 적으세요.)
- 하루하루 지날수록 실력이 자라고, 계산 속도가 빨라지는 것을 눈으로 직접 확인할 수 있습니다.

**A**

| | 1일 차 | 2일 차 | 3일 차 | 4일 차 | 5일 차 |
|---|---|---|---|---|---|
| | ( 초) | ( 초) | ( 초) | ( 초) | ( 초) |
| 30분 | | | | | |
| 25분 | | | | | |
| 20분 | | | | | |
| 15분 | | | | | |
| 10분 | | | | | |
| 5분 | | | | | |
| 0분 | | | | | |
| 맞힌 개수 | /8 | /8 | /8 | /8 | /8 |

**B**

| | 1일 차 | 2일 차 | 3일 차 | 4일 차 | 5일 차 |
|---|---|---|---|---|---|
| | ( 초) | ( 초) | ( 초) | ( 초) | ( 초) |
| 30분 | | | | | |
| 25분 | | | | | |
| 20분 | | | | | |
| 15분 | | | | | |
| 10분 | | | | | |
| 5분 | | | | | |
| 0분 | | | | | |
| 맞힌 개수 | /10 | /10 | /10 | /10 | /10 |

**·개념 포인트·**

## 10000과 몇만 알아보기

10000은
- 9000보다 1000 큰 수
- 9900보다 100 큰 수
- 9990보다 10 큰 수
- 9999보다 1 큰 수

10000이 ▲인 수
- 쓰기 : ▲0000
- 읽기 : ▲만

## 다섯 자리 수

10000이 3개, 1000이 4개, 100이 2개, 10이 8개, 1이 5개이면 34285입니다.
34285는 삼만 사천이백팔십오라고 읽습니다.

**예시**

### 64283에서 각 자리의 숫자와 나타내는 값

| 만의 자리 | 천의 자리 | 백의 자리 | 십의 자리 | 일의 자리 |
|---|---|---|---|---|
| 6 | 4 | 2 | 8 | 3 |
| 60000 | 4000 | 200 | 80 | 3 |

⇨ 64283=60000+4000+200+80+3

지도 도우미

이번 단계에서는 다섯 자리의 수를 공부합니다. 자릿수가 늘어나고 단위가 커질수록 아이들이 수를 읽고 나타내는 것에 어려움을 느끼고 거부감을 가질 수 있습니다. 만 원, 천 원 등과 같이 실생활에서 많이 접할 수 있는 물건을 통해 아이들에게 큰 수를 설명해 주세요.

1일차 A형

# 다섯 자리 수

| 월 | 일 |
|---|---|
| 분 | 초 |
| | /8 |

빈칸에 알맞은 수를 넣으세요.

❶ 10000이 4개, 1000이 5개, 100이 7개, 10이 2개, 1이 6개이면 ☐입니다.

❷ 10000이 2개, 1000이 1개, 100이 9개, 10이 4개, 1이 5개이면 ☐입니다.

❸ 10000이 3개, 1000이 3개, 100이 8개, 10이 7개, 1이 2개이면 ☐입니다.

❹ 10000이 7개, 1000이 2개, 100이 4개, 10이 6개, 1이 5개이면 ☐입니다.

❺ 10000이 9개, 1000이 1개, 100이 6개, 10이 2개, 1이 4개이면 ☐입니다.

❻ 10000이 5개, 1000이 4개, 100이 4개, 10이 3개, 1이 8개이면 ☐입니다.

❼ 10000이 9개, 1000이 1개, 100이 6개, 10이 2개, 1이 4개이면 ☐입니다.

❽ 10000이 7개, 1000이 3개, 100이 2개, 10이 3개, 1이 1개이면 ☐입니다.

자기 점수에 ○표 하세요

| 맞힌 개수 | 4개 이하 | 5~6개 | 7개 | 8개 |
|---|---|---|---|---|
| 학습 방법 | 개념을 다시 공부하세요. | 조금 더 노력하세요. | 실수하면 안 돼요. | 참 잘했어요. |

1일차 B형

# 다섯 자리 수

월 일
분 초
/10

정답 2쪽

✎ 주어진 수를 각 자리의 숫자가 나타내는 값의 합으로 나타내세요.

❶ $64357=\square+4000+300+\square+7$

❷ $83516=80000+\square+\square+10+6$

❸ $43492=\square+\square+400+\square+2$

❹ $77421=\square+\square+\square+20+1$

❺ $58354=50000+\square+300+\square+\square$

❻ $91247=\square+1000+\square+\square+7$

❼ $10285=\square+\square+80+\square$

❽ $43842=40000+\square+\square+\square+2$

❾ $74209=\square+\square+\square+9$

❿ $34582=\square+\square+\square+\square+\square$

자기 점수에 ○표 하세요

| 맞힌 개수 | 5개 이하 | 6~7개 | 8~9개 | 10개 |
|---|---|---|---|---|
| 학습 방법 | 개념을 다시 공부하세요. | 조금 더 노력하세요. | 실수하면 안 돼요. | 참 잘했어요. |

2일차 A형

# 다섯 자리 수

월 일
분 초
/8

빈칸에 알맞은 수를 넣으세요.

❶ 10000이 2개, 1000이 1개, 100이 9개, 10이 7개, 1이 3개이면 ☐입니다.

❷ 10000이 5개, 1000이 5개, 100이 4개, 10이 2개, 1이 8개이면 ☐입니다.

❸ 10000이 7개, 1000이 1개, 100이 2개, 10이 9개, 1이 6개이면 ☐입니다.

❹ 10000이 4개, 1000이 2개, 100이 0개, 10이 5개, 1이 7개이면 ☐입니다.

❺ 10000이 3개, 1000이 2개, 100이 6개, 10이 6개, 1이 1개이면 ☐입니다.

❻ 10000이 8개, 1000이 0개, 100이 0개, 10이 2개, 1이 9개이면 ☐입니다.

❼ 10000이 1개, 1000이 3개, 100이 8개, 10이 4개, 1이 7개이면 ☐입니다.

❽ 10000이 6개, 1000이 7개, 100이 2개, 10이 5개, 1이 5개이면 ☐입니다.

자기 점수에 ○표 하세요

| 맞힌 개수 | 4개 이하 | 5~6개 | 7개 | 8개 |
|---|---|---|---|---|
| 학습 방법 | 개념을 다시 공부하세요. | 조금 더 노력하세요. | 실수하면 안 돼요. | 참 잘했어요. |

# 다섯 자리 수

월 일
분 초
/10

정답 3쪽

✎ 주어진 수를 각 자리의 숫자가 나타내는 값의 합으로 나타내세요.

❶ 31248=☐+1000+☐+40+8

❷ 63212=60000+☐+☐+10+2

❸ 84376=☐+☐+300+☐+6

❹ 51935=☐+☐+☐+30+5

❺ 70384=70000+☐+☐+4

❻ 11593=☐+1000+☐+☐+3

❼ 64725=☐+☐+☐+20+☐

❽ 21866=20000+☐+☐+☐+6

❾ 34150=☐+☐+☐+☐

❿ 41397=☐+☐+☐+☐+☐

자기 점수에 ○표 하세요

| 맞힌 개수 | 5개 이하 | 6~7개 | 8~9개 | 10개 |
|---|---|---|---|---|
| 학습 방법 | 개념을 다시 공부하세요. | 조금 더 노력 하세요. | 실수하면 안 돼요. | 참 잘했어요. |

3일차 A형

# 다섯 자리 수

월 일
분 초
/8

✎ 빈칸에 알맞은 수를 넣으세요.

❶ 10000이 8개, 1000이 0개, 100이 0개, 10이 2개, 1이 6개이면 ☐입니다.

❷ 10000이 4개, 1000이 3개, 100이 8개, 10이 9개, 1이 2개이면 ☐입니다.

❸ 10000이 3개, 1000이 1개, 100이 7개, 10이 7개, 1이 4개이면 ☐입니다.

❹ 10000이 5개, 1000이 1개, 100이 4개, 10이 3개, 1이 9개이면 ☐입니다.

❺ 10000이 2개, 1000이 2개, 100이 8개, 10이 5개, 1이 4개이면 ☐입니다.

❻ 10000이 4개, 1000이 2개, 100이 5개, 10이 0개, 1이 7개이면 ☐입니다.

❼ 10000이 6개, 1000이 5개, 100이 2개, 10이 7개, 1이 2개이면 ☐입니다.

❽ 10000이 3개, 1000이 8개, 100이 4개, 10이 1개, 1이 6개이면 ☐입니다.

자기 점수에 ○표 하세요

| 맞힌 개수 | 4개 이하 | 5~6개 | 7개 | 8개 |
|---|---|---|---|---|
| 학습 방법 | 개념을 다시 공부하세요. | 조금 더 노력하세요. | 실수하면 안 돼요. | 참 잘했어요. |

# 다섯 자리 수

월 일
분 초
/10

정답 4쪽

주어진 수를 각 자리의 숫자가 나타내는 값의 합으로 나타내세요.

❶ 74135 = ☐ + 4000 + ☐ + 30 + 5

❷ 25971 = 20000 + ☐ + ☐ + 70 + 1

❸ 60684 = ☐ + ☐ + 80 + 4

❹ 93496 = ☐ + ☐ + 400 + ☐ + 6

❺ 35764 = 30000 + ☐ + ☐ + ☐ + 4

❻ 26831 = ☐ + 6000 + ☐ + ☐ + 1

❼ 59603 = ☐ + ☐ + ☐ + 3

❽ 46487 = 40000 + ☐ + ☐ + ☐ + 7

❾ 74691 = ☐ + ☐ + ☐ + ☐ + 1

❿ 48613 = ☐ + ☐ + ☐ + ☐ + ☐

자기 점수에 ○표 하세요

| 맞힌 개수 | 5개 이하 | 6~7개 | 8~9개 | 10개 |
|---|---|---|---|---|
| 학습 방법 | 개념을 다시 공부하세요. | 조금 더 노력 하세요. | 실수하면 안 돼요. | 참 잘했어요. |

4일차 A형

# 다섯 자리 수

| 월 | 일 |
|---|---|
| 분 | 초 |
| | /8 |

✎ 빈칸에 알맞은 수를 넣으세요.

❶ 10000이 5개, 1000이 9개, 100이 5개, 10이 4개, 1이 2개이면 [　　　]입니다.

❷ 10000이 8개, 1000이 4개, 100이 3개, 10이 6개, 1이 1개이면 [　　　]입니다.

❸ 10000이 9개, 1000이 7개, 100이 2개, 10이 5개, 1이 6개이면 [　　　]입니다.

❹ 10000이 3개, 1000이 5개, 100이 2개, 10이 2개, 1이 8개이면 [　　　]입니다.

❺ 10000이 6개, 1000이 1개, 100이 0개, 10이 4개, 1이 7개이면 [　　　]입니다.

❻ 10000이 1개, 1000이 6개, 100이 8개, 10이 3개, 1이 3개이면 [　　　]입니다.

❼ 10000이 4개, 1000이 0개, 100이 6개, 10이 0개, 1이 9개이면 [　　　]입니다.

❽ 10000이 5개, 1000이 2개, 100이 1개, 10이 6개, 1이 5개이면 [　　　]입니다.

자기 점수에 ○표 하세요

| 맞힌 개수 | 4개 이하 | 5~6개 | 7개 | 8개 |
|---|---|---|---|---|
| 학습 방법 | 개념을 다시 공부하세요. | 조금 더 노력하세요. | 실수하면 안 돼요. | 참 잘했어요. |

# 다섯 자리 수

| 월 | 일 |
|---|---|
| 분 | 초 |
| | /10 |

정답 5쪽

주어진 수를 각 자리의 숫자가 나타내는 값의 합으로 나타내세요.

❶ 36514 = ☐ + 6000 + ☐ + 10 + 4

❷ 79916 = 70000 + ☐ + ☐ + 10 + 6

❸ 58083 = ☐ + ☐ + 80 + 3

❹ 27168 = ☐ + ☐ + 100 + ☐ + 8

❺ 40755 = 40000 + ☐ + ☐ + 5

❻ 91604 = ☐ + 1000 + ☐ + 4

❼ 85537 = ☐ + ☐ + 500 + ☐ + 7

❽ 94321 = 90000 + ☐ + ☐ + ☐ + 1

❾ 47825 = ☐ + ☐ + ☐ + ☐ + 5

❿ 66843 = ☐ + ☐ + ☐ + ☐ + ☐

자기 점수에 ○표 하세요

| 맞힌 개수 | 5개 이하 | 6~7개 | 8~9개 | 10개 |
|---|---|---|---|---|
| 학습 방법 | 개념을 다시 공부하세요. | 조금 더 노력하세요. | 실수하면 안 돼요. | 참 잘했어요. |

# 5일차 A형

## 다섯 자리 수

| 월 | 일 |
|---|---|
| 분 | 초 |
| | /8 |

✎ 빈칸에 알맞은 수를 넣으세요.

❶ 10000이 1개, 1000이 4개, 100이 2개, 10이 3개, 1이 7개이면 ☐입니다.

❷ 10000이 4개, 1000이 4개, 100이 2개, 10이 0개, 1이 5개이면 ☐입니다.

❸ 10000이 8개, 1000이 1개, 100이 3개, 10이 2개, 1이 3개이면 ☐입니다.

❹ 10000이 5개, 1000이 1개, 100이 1개, 10이 7개, 1이 6개이면 ☐입니다.

❺ 10000이 3개, 1000이 4개, 100이 8개, 10이 2개, 1이 9개이면 ☐입니다.

❻ 10000이 2개, 1000이 5개, 100이 0개, 10이 1개, 1이 4개이면 ☐입니다.

❼ 10000이 9개, 1000이 2개, 100이 4개, 10이 8개, 1이 7개이면 ☐입니다.

❽ 10000이 7개, 1000이 0개, 100이 0개, 10이 5개, 1이 0개이면 ☐입니다.

자기 점수에 ○표 하세요

| 맞힌 개수 | 4개 이하 | 5~6개 | 7개 | 8개 |
|---|---|---|---|---|
| 학습 방법 | 개념을 다시 공부하세요. | 조금 더 노력 하세요. | 실수하면 안 돼요. | 참 잘했어요. |

# 다섯 자리 수

| 월 | 일 |
| --- | --- |
| 분 | 초 |
| | /10 |

정답 6쪽

주어진 수를 각 자리의 숫자가 나타내는 값의 합으로 나타내세요.

❶ 82815 = ☐ + 2000 + ☐ + 10 + 5

❷ 41674 = 40000 + ☐ + ☐ + 70 + 4

❸ 91271 = ☐ + ☐ + ☐ + 70 + 1

❹ 30582 = ☐ + 500 + ☐ + ☐

❺ 25973 = 20000 + ☐ + ☐ + ☐ + 3

❻ 66392 = ☐ + 6000 + ☐ + ☐ + 2

❼ 19360 = ☐ + ☐ + 300 + ☐

❽ 58863 = 50000 + ☐ + ☐ + ☐ + ☐

❾ 43197 = ☐ + ☐ + ☐ + ☐ + 7

❿ 72473 = ☐ + ☐ + ☐ + ☐ + ☐

자기 점수에 ○표 하세요

| 맞힌 개수 | 5개 이하 | 6~7개 | 8~9개 | 10개 |
| --- | --- | --- | --- | --- |
| 학습 방법 | 개념을 다시 공부하세요. | 조금 더 노력하세요. | 실수하면 안 돼요. | 참 잘했어요. |

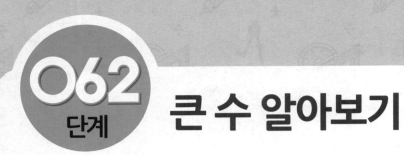

# 062 단계 큰 수 알아보기

**◆스스로 학습 관리표◆**

- 매일 맞힌 개수를 적고, 걸린 시간만큼 색칠해 보세요. (눈금 1칸은 1분이며, 초는 표의 상단에 적으세요.)
- 하루하루 지날수록 실력이 자라고, 계산 속도가 빨라지는 것을 눈으로 직접 확인할 수 있습니다.

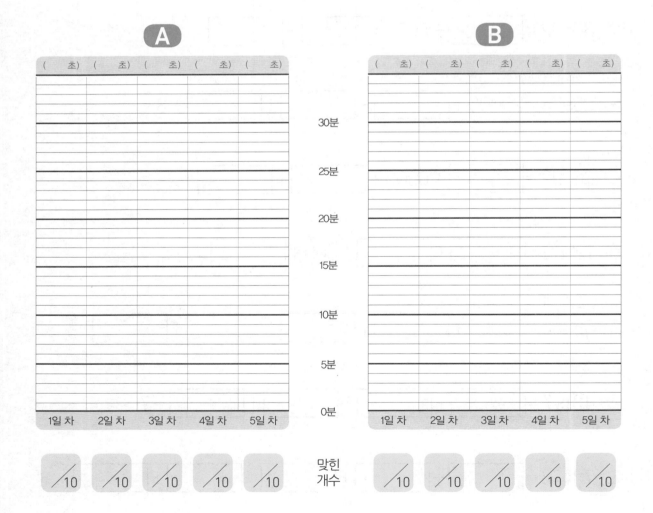

**A**

| ( 초) | ( 초) | ( 초) | ( 초) | ( 초) |
|---|---|---|---|---|
| | | | | |
| 1일 차 | 2일 차 | 3일 차 | 4일 차 | 5일 차 |
| /10 | /10 | /10 | /10 | /10 |

30분
25분
20분
15분
10분
5분
0분

맞힌 개수

**B**

| ( 초) | ( 초) | ( 초) | ( 초) | ( 초) |
|---|---|---|---|---|
| | | | | |
| 1일 차 | 2일 차 | 3일 차 | 4일 차 | 5일 차 |
| /10 | /10 | /10 | /10 | /10 |

**개념 포인트**

## 십만, 백만, 천만 알아보기

10000이 10개이면 100000 또는 10만이라 쓰고 십만이라고 읽습니다.
10000이 100개이면 1000000 또는 100만이라 쓰고 백만이라고 읽습니다.
10000이 1000개이면 10000000 또는 1000만이라 쓰고 천만이라고 읽습니다.

## 억과 조 알아보기

1000만이 10개인 수를 100000000 또는 1억이라 쓰고 억 또는 일억이라고 읽고, 1000억이 10개인 수를 1000000000000 또는 1조라 쓰고 조 또는 일조라고 읽습니다.

**예시**

### 34890000에서 각 자리의 숫자

| 3 | 4 | 8 | 9 | 0 | 0 | 0 | 0 |
|---|---|---|---|---|---|---|---|
| 천만 | 백만 | 십만 | 일만 | 천 | 백 | 십 | 일 |
| 삼천사백팔십구만 | | | | | | | |

⇨ 34890000 = 30000000 + 4000000 + 800000 + 90000

### 2574000000000000에서 각 자리의 숫자

| 2 | 5 | 7 | 4 | 0 | 0 | 0 | 0 | 0 | 0 | 0 | 0 | 0 | 0 | 0 | 0 |
|---|---|---|---|---|---|---|---|---|---|---|---|---|---|---|---|
| 천조 | 백조 | 십조 | 일조 | 천억 | 백억 | 십억 | 일억 | 천만 | 백만 | 십만 | 일만 | 천 | 백 | 십 | 일 |
| 이천오백칠십사조 | | | | | | | | | | | | | | | |

⇨ 2574조 = 2000조 + 500조 + 70조 + 4조

초등학교 과정에서 배우는 가장 큰 자릿수를 배우는 단계입니다. 자릿수가 많아지면서 아이들이 어디서부터 어떻게 읽어야 하는지, 몇의 자리인지를 파악하기 어려워합니다. 수를 읽을 때 일의 자리에서부터 네 자리씩 끊어서 만, 억, 조의 단위로 구분할 수 있도록 지도해 주세요. 이때 '하나, 둘, 셋, 넷 끊고'와 같이 리듬을 타면서 끊어주면 아이들이 재미있어 하고 기억에 오래 남습니다.

# 1일차 A형 큰 수 알아보기

월 일
분 초
/10

✎ 빈칸에 알맞은 수나 말을 써넣으세요.

❶ 450000은 만이 ☐개인 수입니다.

❷ 3920000은 만이 ☐개인 수입니다.

❸ 93150000은 만이 ☐개인 수입니다.

❹ 267453은 만이 ☐개, 일이 ☐개인 수입니다.

❺ 6865992는 만이 ☐개, 일이 ☐개인 수입니다.

❻ 47168249는 만이 ☐개, 일이 ☐개인 수입니다.

❼ 930000은 ☐(이)라고 읽습니다.

❽ 5260000은 ☐(이)라고 읽습니다.

❾ 73280000은 ☐(이)라고 읽습니다.

❿ 578415는 ☐(이)라고 읽습니다.

자기 점수에 ○표 하세요

| 맞힌 개수 | 5개 이하 | 6~7개 | 8~9개 | 10개 |
| --- | --- | --- | --- | --- |
| 학습 방법 | 개념을 다시 공부하세요. | 조금 더 노력 하세요. | 실수하면 안 돼요. | 참 잘했어요. |

# 큰 수 알아보기

| 월 | 일 |
|---|---|
| 분 | 초 |
| | /10 |

정답 7쪽

✎ 빈칸에 알맞은 수나 말을 써넣으세요.

❶ 1억이 23개인 수는 □입니다.

❷ 1억이 862개인 수는 □입니다.

❸ 1억이 1695개인 수는 □입니다.

❹ 1조가 76개인 수는 □입니다.

❺ 1조가 591개인 수는 □입니다.

❻ 1조가 7636개인 수는 □입니다.

❼ 981억 = □ + 80억 + □

❽ 8362억 = □ + 300억 + □ + □

❾ 859조 = □ + 50조 + □

❿ 6379조 = □ + □ + 70조 + □

자기 점수에 ○표 하세요

| 맞힌 개수 | 5개 이하 | 6~7개 | 8~9개 | 10개 |
|---|---|---|---|---|
| 학습 방법 | 개념을 다시 공부하세요. | 조금 더 노력 하세요. | 실수하면 안 돼요. | 참 잘했어요. |

2일차 A형

# 큰 수 알아보기

| | |
|---|---|
| 월 | 일 |
| 분 | 초 |
| | /10 |

빈칸에 알맞은 수나 말을 써넣으세요.

❶ 380000은 만이 [ ]개인 수입니다.

❷ 4120000은 만이 [ ]개인 수입니다.

❸ 16870000은 만이 [ ]개인 수입니다.

❹ 668439는 만이 [ ]개, 일이 [ ]개인 수입니다.

❺ 9462774는 만이 [ ]개, 일이 [ ]개인 수입니다.

❻ 52336147은 만이 [ ]개, 일이 [ ]개인 수입니다.

❼ 290000은 [ ](이)라고 읽습니다.

❽ 9640000은 [ ](이)라고 읽습니다.

❾ 57140000은 [ ](이)라고 읽습니다.

❿ 3628647은 [ ](이)라고 읽습니다.

자기 점수에 ○표 하세요

| 맞힌 개수 | 5개 이하 | 6~7개 | 8~9개 | 10개 |
|---|---|---|---|---|
| 학습 방법 | 개념을 다시 공부하세요. | 조금 더 노력하세요. | 실수하면 안 돼요. | 참 잘했어요. |

# 큰 수 알아보기

| 월 | 일 |
|---|---|
| 분 | 초 |
| | /10 |

정답 8쪽

✎ 빈칸에 알맞은 수나 말을 써넣으세요.

❶ 1억이 76개인 수는 ☐입니다.

❷ 1억이 184개인 수는 ☐입니다.

❸ 1억이 3267개인 수는 ☐입니다.

❹ 1조가 19개인 수는 ☐입니다.

❺ 1조가 244개인 수는 ☐입니다.

❻ 1조가 9607개인 수는 ☐입니다.

❼ 547억 = ☐ + ☐ + 7억

❽ 2796억 = ☐ + 700억 + ☐ + ☐

❾ 416조 = ☐ + 10조 + ☐

❿ 8369조 = ☐ + ☐ + ☐ + 9조

자기 점수에 ○표 하세요

| 맞힌 개수 | 5개 이하 | 6~7개 | 8~9개 | 10개 |
|---|---|---|---|---|
| 학습 방법 | 개념을 다시 공부하세요. | 조금 더 노력 하세요. | 실수하면 안 돼요. | 참 잘했어요. |

| 월 | 일 |
| --- | --- |
| 분 | 초 |
| | /10 |

3일차 A형

# 큰 수 알아보기

빈칸에 알맞은 수나 말을 써넣으세요.

❶ 620000은 만이 [　　]개인 수입니다.

❷ 8630000은 만이 [　　]개인 수입니다.

❸ 42970000은 만이 [　　]개인 수입니다.

❹ 571963은 만이 [　　]개, 일이 [　　]개인 수입니다.

❺ 1684326은 만이 [　　]개, 일이 [　　]개인 수입니다.

❻ 70368417은 만이 [　　]개, 일이 [　　]개인 수입니다.

❼ 320000은 [　　](이)라고 읽습니다.

❽ 6370000은 [　　](이)라고 읽습니다.

❾ 21460000은 [　　](이)라고 읽습니다.

❿ 35137559는 [　　](이)라고 읽습니다.

자기 점수에 ○표 하세요

| 맞힌 개수 | 5개 이하 | 6~7개 | 8~9개 | 10개 |
| --- | --- | --- | --- | --- |
| 학습 방법 | 개념을 다시 공부하세요. | 조금 더 노력하세요. | 실수하면 안 돼요. | 참 잘했어요. |

# 큰 수 알아보기

| 월 | 일 |
| --- | --- |
| 분 | 초 |
| | /10 |

정답 9쪽

빈칸에 알맞은 수나 말을 써넣으세요.

❶ 1억이 43개인 수는 ☐입니다.

❷ 1억이 261개인 수는 ☐입니다.

❸ 1억이 9344개인 수는 ☐입니다.

❹ 1조가 27개인 수는 ☐입니다.

❺ 1조가 308개인 수는 ☐입니다.

❻ 1조가 5144개인 수는 ☐입니다.

❼ 815억 = ☐ + 10억 + ☐

❽ 1834억 = ☐ + ☐ + 30억 + ☐

❾ 137조 = ☐ + 30조 + ☐

❿ 7250조 = ☐ + ☐ + ☐

자기 점수에 ○표 하세요

| 맞힌 개수 | 5개 이하 | 6~7개 | 8~9개 | 10개 |
| --- | --- | --- | --- | --- |
| 학습 방법 | 개념을 다시 공부하세요. | 조금 더 노력하세요. | 실수하면 안 돼요. | 참 잘했어요. |

# 큰 수 알아보기

월 일
분 초
/10

✎ 빈칸에 알맞은 수나 말을 써넣으세요.

❶ 120000은 만이 [ ]개인 수입니다.

❷ 9530000은 만이 [ ]개인 수입니다.

❸ 56710000은 만이 [ ]개인 수입니다.

❹ 936876은 만이 [ ]개, 일이 [ ]개인 수입니다.

❺ 7462384는 만이 [ ]개, 일이 [ ]개인 수입니다.

❻ 80486117은 만이 [ ]개, 일이 [ ]개인 수입니다.

❼ 240000은 [ ](이)라고 읽습니다.

❽ 1650000은 [ ](이)라고 읽습니다.

❾ 63600000은 [ ](이)라고 읽습니다.

❿ 40862173은 [ ](이)라고 읽습니다.

자기 점수에 ○표 하세요

| 맞힌 개수 | 5개 이하 | 6~7개 | 8~9개 | 10개 |
|---|---|---|---|---|
| 학습 방법 | 개념을 다시 공부하세요. | 조금 더 노력 하세요. | 실수하면 안 돼요. | 참 잘했어요. |

# 4일차 B형

## 큰 수 알아보기

| 월 | 일 |
|---|---|
| 분 | 초 |
| | /10 |

정답 10쪽

✎ 빈칸에 알맞은 수나 말을 써넣으세요.

❶ 1억이 93개인 수는 [ ]입니다.

❷ 1억이 716개인 수는 [ ]입니다.

❸ 1억이 8305개인 수는 [ ]입니다.

❹ 1조가 41개인 수는 [ ]입니다.

❺ 1조가 620개인 수는 [ ]입니다.

❻ 1조가 3167개인 수는 [ ]입니다.

❼ 646억 = [ ] + 40억 + [ ]

❽ 7391억 = [ ] + 300억 + [ ] + [ ]

❾ 572조 = [ ] + 70조 + [ ]

❿ 8863조 = [ ] + [ ] + [ ] + 3조

자기 점수에 ○표 하세요

| 맞힌 개수 | 5개 이하 | 6~7개 | 8~9개 | 10개 |
|---|---|---|---|---|
| 학습 방법 | 개념을 다시 공부하세요. | 조금 더 노력하세요. | 실수하면 안 돼요. | 참 잘했어요. |

# 5일차 A형

## 큰 수 알아보기

월 일
분 초
/10

✎ 빈칸에 알맞은 수나 말을 써넣으세요.

❶ 480000은 만이 [ ]개인 수입니다.

❷ 7060000은 만이 [ ]개인 수입니다.

❸ 12490000은 만이 [ ]개인 수입니다.

❹ 8336472는 만이 [ ]개, 일이 [ ]개인 수입니다.

❺ 5026841은 만이 [ ]개, 일이 [ ]개인 수입니다.

❻ 79864835는 만이 [ ]개, 일이 [ ]개인 수입니다.

❼ 330000은 [ ](이)라고 읽습니다.

❽ 4520000은 [ ](이)라고 읽습니다.

❾ 43990000은 [ ](이)라고 읽습니다.

❿ 1384670은 [ ](이)라고 읽습니다.

자기 점수에 ○표 하세요

| 맞힌 개수 | 5개 이하 | 6~7개 | 8~9개 | 10개 |
|---|---|---|---|---|
| 학습 방법 | 개념을 다시 공부하세요. | 조금 더 노력하세요. | 실수하면 안 돼요. | 참 잘했어요. |

# 큰 수 알아보기

월 일
분 초
/10

정답 11쪽

✎ 빈칸에 알맞은 수나 말을 써넣으세요.

❶ 1억이 60개인 수는 ☐입니다.

❷ 1억이 492개인 수는 ☐입니다.

❸ 1억이 7632개인 수는 ☐입니다.

❹ 1조가 86개인 수는 ☐입니다.

❺ 1조가 167개인 수는 ☐입니다.

❻ 1조가 5611개인 수는 ☐입니다.

❼ 827억 = ☐ + 20억 + ☐

❽ 6935억 = ☐ + 900억 + ☐ + ☐

❾ 418조 = ☐ + 10조 + ☐

❿ 9274조 = ☐ + ☐ + ☐ + 4조

자기 점수에 ○표 하세요

| 맞힌 개수 | 5개 이하 | 6~7개 | 8~9개 | 10개 |
|---|---|---|---|---|
| 학습 방법 | 개념을 다시 공부하세요. | 조금 더 노력 하세요. | 실수하면 안 돼요. | 참 잘했어요. |

# 063 단계 계산의 활용-각도의 합과 차

**◆스스로 학습 관리표◆**

- 매일 맞힌 개수를 적고, 걸린 시간만큼 색칠해 보세요.
(눈금 1칸은 1분이며, 초는 표의 상단에 적으세요.)
- 하루하루 지날수록 실력이 자라고, 계산 속도가 빨라지는 것을 눈으로 직접 확인할 수 있습니다.

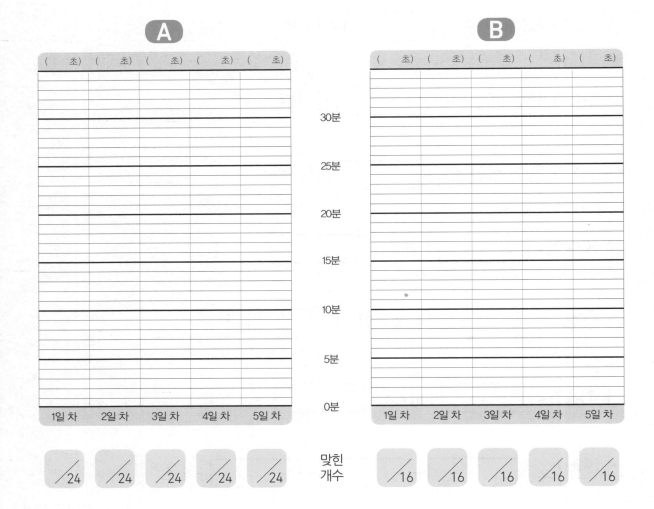

**A**

| ( 초) | ( 초) | ( 초) | ( 초) | ( 초) |
|---|---|---|---|---|
| 1일 차 | 2일 차 | 3일 차 | 4일 차 | 5일 차 |
| /24 | /24 | /24 | /24 | /24 |

30분
25분
20분
15분
10분
5분
0분

맞힌 개수

**B**

| ( 초) | ( 초) | ( 초) | ( 초) | ( 초) |
|---|---|---|---|---|
| 1일 차 | 2일 차 | 3일 차 | 4일 차 | 5일 차 |
| /16 | /16 | /16 | /16 | /16 |

◆개념 포인트◆

## 각도의 합

두 각을 겹치지 않게 이어 붙여 놓았을 때, 전체 각의 크기는 각도의 합을 이용합니다. 각도의 합을 구할 때는 자연수의 덧셈과 같은 방법으로 계산하고 나온 답에 °를 붙입니다.

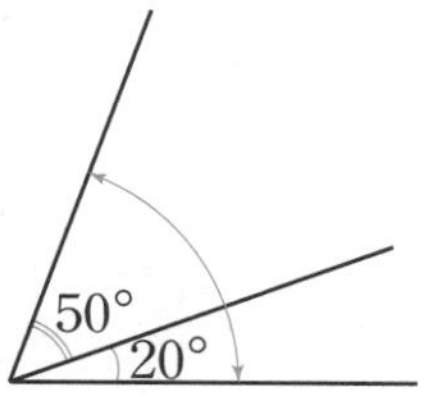


$50° + 20° = 70°$

## 각도의 차

두 각을 겹치지 않게 놓았을 때, 겹쳐지지 않은 부분의 각의 크기는 각도의 차를 이용합니다. 각도의 차를 구할 때는 자연수의 뺄셈과 같은 방법으로 계산하고 나온 답에 °를 붙입니다.

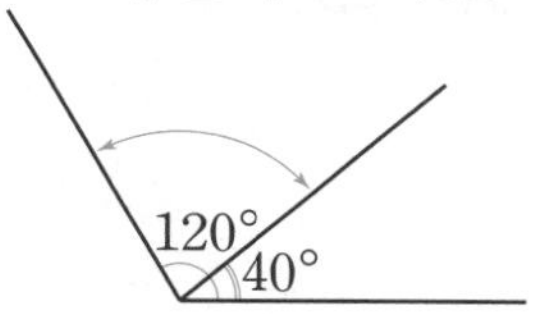


$120° - 40° = 80°$

**예시**

각도의 합

$50°+20°=70°$

자연수의 덧셈처럼 계산합니다.

각도의 차

$120°-40°=80°$

자연수의 뺄셈처럼 계산합니다.

지도 도우미

덧셈과 뺄셈을 각도에 적용시키는 단계입니다. 지금까지 연습했던 덧셈과 뺄셈을 이용하는 단계이니 어렵지는 않지만 아이들이 단위를 적는 것에 익숙하지 않을 수 있어요. 계산하고 난 뒤에 반드시 °를 붙일 수 있도록 지도해 주세요.

1일차 A형

# 계산의 활용-각도의 합과 차

월 일
분 초
/24

각도의 합과 차도 자연수의 덧셈과 뺄셈처럼 계산하면 돼!


✎ 계산을 하세요.

❶ $40^\circ+25^\circ=$

❷ $60^\circ+110^\circ=$

❸ $24^\circ+52^\circ=$

❹ $75^\circ+61^\circ=$

❺ $103^\circ+42^\circ=$

❻ $86^\circ+17^\circ=$

❼ $29^\circ+121^\circ=$

❽ $34^\circ+28^\circ=$

❾ $141^\circ+22^\circ=$

❿ $92^\circ+78^\circ=$

⓫ $132^\circ+142^\circ=$

⓬ $133^\circ+57^\circ=$

⓭ $170^\circ-65^\circ=$

⓮ $87^\circ-39^\circ=$

⓯ $112^\circ-56^\circ=$

⓰ $151^\circ-87^\circ=$

⓱ $64^\circ-55^\circ=$

⓲ $92^\circ-75^\circ=$

⓳ $166^\circ-19^\circ=$

⓴ $257^\circ-88^\circ=$

㉑ $123^\circ-105^\circ=$

㉒ $130^\circ-26^\circ=$

㉓ $273^\circ-146^\circ=$

㉔ $254^\circ-35^\circ=$

자기 점수에 ○표 하세요

| 맞힌 개수 | 16개 이하 | 17~20개 | 21~22개 | 23~24개 |
|---|---|---|---|---|
| 학습 방법 | 개념을 다시 공부하세요. | 조금 더 노력하세요. | 실수하면 안 돼요. | 참 잘했어요. |

1일차 B형

# 계산의 활용-각도의 합과 차

| 월 일 |
| --- |
| 분 초 |
| /16 |

정답 12쪽

빈칸에 알맞은 수를 써넣으세요.

❶ 25°+□°=80°

❷ 44°+□°=113°

❸ 68°+□°=141°

❹ 109°+□°=174°

❺ □°+39°=120°

❻ □°+58°=135°

❼ □°+106°=234°

❽ □°+127°=211°

❾ 93°−□°=46°

❿ 136°−□°=49°

⓫ 150°−□°=72°

⓬ 216°−□°=107°

⓭ □°−19°=75°

⓮ □°−86°=94°

⓯ □°−132°=156°

⓰ □°−119°=83°

자기 점수에 ○표 하세요

| 맞힌 개수 | 8개 이하 | 9~12개 | 13~14개 | 15~16개 |
| --- | --- | --- | --- | --- |
| 학습 방법 | 개념을 다시 공부하세요. | 조금 더 노력 하세요. | 실수하면 안 돼요. | 참 잘했어요. |

2일차 A형

# 계산의 활용-각도의 합과 차

| | |
|---|---|
| 월 | 일 |
| 분 | 초 |
| | /24 |

계산을 하세요.

① 35°+75°=

② 80°+40°=

③ 81°+26°=

④ 94°+58°=

⑤ 114°+39°=

⑥ 67°+45°=

⑦ 123°+87°=

⑧ 52°+119°=

⑨ 136°+86°=

⑩ 162°+137°=

⑪ 106°+158°=

⑫ 115°+145°=

⑬ 90°−72°=

⑭ 68°−19°=

⑮ 136°−71°=

⑯ 128°−94°=

⑰ 180°−106°=

⑱ 155°−118°=

⑲ 171°−87°=

⑳ 205°−139°=

㉑ 183°−134°=

㉒ 213°−156°=

㉓ 191°−123°=

㉔ 247°−186°=

자기 점수에 ○표 하세요

| 맞힌 개수 | 16개 이하 | 17~20개 | 21~22개 | 23~24개 |
|---|---|---|---|---|
| 학습 방법 | 개념을 다시 공부하세요. | 조금 더 노력하세요. | 실수하면 안 돼요. | 참 잘했어요. |

# 계산의 활용-각도의 합과 차

월 일
분 초
/16

정답 13쪽

✎ 빈칸에 알맞은 수를 써넣으세요.

❶ 40°+□°=120°

❷ 65°+□°=120°

❸ 73°+□°=162°

❹ 113°+□°=189°

❺ □°+57°=142°

❻ □°+13°=100°

❼ □°+136°=260°

❽ □°+117°=242°

❾ 76°−□°=30°

❿ 89°−□°=19°

⓫ 125°−□°=66°

⓬ 153°−□°=97°

⓭ □°−33°=68°

⓮ □°−103°=76°

⓯ □°−115°=147°

⓰ □°−101°=156°

자기 점수에 ○표 하세요

| 맞힌 개수 | 8개 이하 | 9~12개 | 13~14개 | 15~16개 |
|---|---|---|---|---|
| 학습 방법 | 개념을 다시 공부하세요. | 조금 더 노력 하세요. | 실수하면 안 돼요. | 참 잘했어요. |

# 계산의 활용-각도의 합과 차

| 월 | 일 |
|---|---|
| 분 | 초 |
| | /24 |

✎ 계산을 하세요.

❶ $42° + 63° =$

❷ $57° + 90° =$

❸ $16° + 74° =$

❹ $53° + 105° =$

❺ $120° + 84° =$

❻ $96° + 110° =$

❼ $68° + 95° =$

❽ $49° + 103° =$

❾ $129° + 136° =$

❿ $84° + 176° =$

⓫ $133° + 99° =$

⓬ $108° + 164° =$

⓭ $75° - 65° =$

⓮ $100° - 43° =$

⓯ $168° - 84° =$

⓰ $147° - 78° =$

⓱ $135° - 27° =$

⓲ $172° - 105° =$

⓳ $164° - 116° =$

⓴ $227° - 169° =$

㉑ $153° - 77° =$

㉒ $245° - 182° =$

㉓ $233° - 104° =$

㉔ $191° - 153° =$

자기 점수에 ○표 하세요

| 맞힌 개수 | 16개 이하 | 17~20개 | 21~22개 | 23~24개 |
|---|---|---|---|---|
| 학습 방법 | 개념을 다시 공부하세요. | 조금 더 노력하세요. | 실수하면 안 돼요. | 참 잘했어요. |

3일차 B형

# 계산의 활용-각도의 합과 차

월 일
분 초
/16

정답 14쪽

빈칸에 알맞은 수를 써넣으세요.

❶ 62°+□°=93°

❷ 47°+□°=80°

❸ 95°+□°=144°

❹ 107°+□°=195°

❺ □°+76°=183°

❻ □°+96°=125°

❼ □°+168°=244°

❽ □°+108°=251°

❾ 94°−□°=52°

❿ 104°−□°=31°

⓫ 173°−□°=109°

⓬ 163°−□°=105°

⓭ □°−94°=51°

⓮ □°−131°=124°

⓯ □°−103°=118°

⓰ □°−172°=126°

자기 점수에 ○표 하세요

| 맞힌 개수 | 8개 이하 | 9~12개 | 13~14개 | 15~16개 |
|---|---|---|---|---|
| 학습 방법 | 개념을 다시 공부하세요. | 조금 더 노력하세요. | 실수하면 안 돼요. | 참 잘했어요. |

4일차 A형

# 계산의 활용-각도의 합과 차

| 월 | 일 |
|---|---|
| 분 | 초 |
| | /24 |

✎ 계산을 하세요.

❶ 80°+42°=

❷ 28°+102°=

❸ 34°+85°=

❹ 77°+145°=

❺ 106°+69°=

❻ 123°+57°=

❼ 38°+97°=

❽ 76°+78°=

❾ 163°+105°=

❿ 129°+144°=

⓫ 152°+88°=

⓬ 154°+109°=

⓭ 68°−16°=

⓮ 75°−53°=

⓯ 180°−105°=

⓰ 137°−49°=

⓱ 152°−84°=

⓲ 215°−146°=

⓳ 196°−157°=

⓴ 201°−112°=

㉑ 184°−99°=

㉒ 266°−177°=

㉓ 276°−94°=

㉔ 208°−146°=

자기 점수에 ○표 하세요

| 맞힌 개수 | 16개 이하 | 17~20개 | 21~22개 | 23~24개 |
|---|---|---|---|---|
| 학습 방법 | 개념을 다시 공부하세요. | 조금 더 노력하세요. | 실수하면 안 돼요. | 참 잘했어요. |

# 계산의 활용-각도의 합과 차

월 일
분 초
/16

정답 15쪽

빈칸에 알맞은 수를 써넣으세요.

❶ 84°+□°=108°

❷ 66°+□°=122°

❸ 47°+□°=131°

❹ 94°+□°=190°

❺ □°+59°=127°

❻ □°+104°=163°

❼ □°+159°=261°

❽ □°+101°=270°

❾ 100°−□°=35°

❿ 115°−□°=79°

⓫ 142°−□°=88°

⓬ 233°−□°=145°

⓭ □°−52°=63°

⓮ □°−104°=77°

⓯ □°−125°=155°

⓰ □°−138°=119°

자기 점수에 ○표 하세요

| 맞힌 개수 | 8개 이하 | 9~12개 | 13~14개 | 15~16개 |
|---|---|---|---|---|
| 학습 방법 | 개념을 다시 공부하세요. | 조금 더 노력하세요. | 실수하면 안 돼요. | 참 잘했어요. |

5일차 A형

# 계산의 활용-각도의 합과 차

월 일
분 초
/24

계산을 하세요.

① 27°+81°=

② 58°+49°=

③ 66°+103°=

④ 39°+59°=

⑤ 114°+126°=

⑥ 136°+152°=

⑦ 74°+182°=

⑧ 132°+87°=

⑨ 145°+127°=

⑩ 138°+107°=

⑪ 177°+103°=

⑫ 129°+155°=

⑬ 92°−33°=

⑭ 86°−47°=

⑮ 116°−74°=

⑯ 153°−68°=

⑰ 103°−96°=

⑱ 190°−108°=

⑲ 142°−75°=

⑳ 182°−116°=

㉑ 236°−147°=

㉒ 216°−165°=

㉓ 291°−97°=

㉔ 232°−178°=

자기 점수에 ○표 하세요

| 맞힌 개수 | 16개 이하 | 17~20개 | 21~22개 | 23~24개 |
|---|---|---|---|---|
| 학습 방법 | 개념을 다시 공부하세요. | 조금 더 노력하세요. | 실수하면 안 돼요. | 참 잘했어요. |

# 계산의 활용-각도의 합과 차

| 월 | 일 |
|---|---|
| 분 | 초 |
| | /16 |

정답 16쪽

빈칸에 알맞은 수를 써넣으세요.

❶ 55°+□°=130°

❷ 34°+□°=90°

❸ 68°+□°=152°

❹ 103°+□°=232°

❺ □°+74°=163°

❻ □°+99°=184°

❼ □°+106°=210°

❽ □°+147°=283°

❾ 135°−□°=80°

❿ 114°−□°=55°

⓫ 121°−□°=39°

⓬ 215°−□°=167°

⓭ □°−88°=106°

⓮ □°−149°=65°

⓯ □°−117°=137°

⓰ □°−161°=78°

자기 점수에 ○표 하세요

| 맞힌 개수 | 8개 이하 | 9~12개 | 13~14개 | 15~16개 |
|---|---|---|---|---|
| 학습 방법 | 개념을 다시 공부하세요. | 조금 더 노력하세요. | 실수하면 안 돼요. | 참 잘했어요. |

## 세 단계 묶어 풀기 O61~O63단계
## 큰 수 알아보기/각도의 합과 차

월 일
분 초
/10

정답 17쪽

빈칸에 알맞은 수나 말을 써넣으세요.

❶ 23578=☐+3000+☐+☐+8

❷ 88164=☐+☐+100+☐+4

❸ 50972=☐+☐+☐+2

❹ 7318억=☐+300억+☐+☐

❺ 1436억=☐+☐+30억+☐

❻ 2753조=☐+☐+50조+☐

❼ 9434조=☐+☐+☐+☐

계산을 하세요.

❽ $27°+81°=$

❾ $138°+107°=$

❿ $153°-68°=$

# 창의력 쑥쑥! 수학 퀴즈

곱셈을 하다 보면 재미있는 사실을
발견하기도 합니다.
(두 자리 수)×(두 자리 수)
계산 가운데에는 다음처럼
십의 자리 수와 일의 자리 수를
바꾼 두 수를 곱한 값이 원래 수의 곱과 같은
경우가 있습니다.

| | |
|---|---|
| 12×42=21×24 | 24×63=42×36 |
| 12×63=21×36 | 24×84=42×48 |
| 12×84=21×48 | 26×93=62×39 |
| 13×62=31×26 | 36×84=63×48 |
| 23×96=32×69 | 46×96=64×69 |

이런 수 말고도 다른 두 수의 곱도 같은 성질을 가진 것들이 4
개나 더 있다고 하네요.
우리 친구들, 함께 찾아볼까요?

**답** 두 자리 수 곱셈을 열심히 하다 보면 다음과 같은 답을 찾을 수 있을 거예요.

| | |
|---|---|
| 13×93=31×39 | 23×64=32×46 |
| 14×82=41×28 | 34×86=43×68 |

# 064 단계 (세 자리 수)×(몇십)

**◆스스로 학습 관리표◆**

- 매일 맞힌 개수를 적고, 걸린 시간만큼 색칠해 보세요.
(눈금 1칸은 1분이며, 초는 표의 상단에 적으세요.)
- 하루하루 지날수록 실력이 자라고, 계산 속도가
빨라지는 것을 눈으로 직접 확인할 수 있습니다.

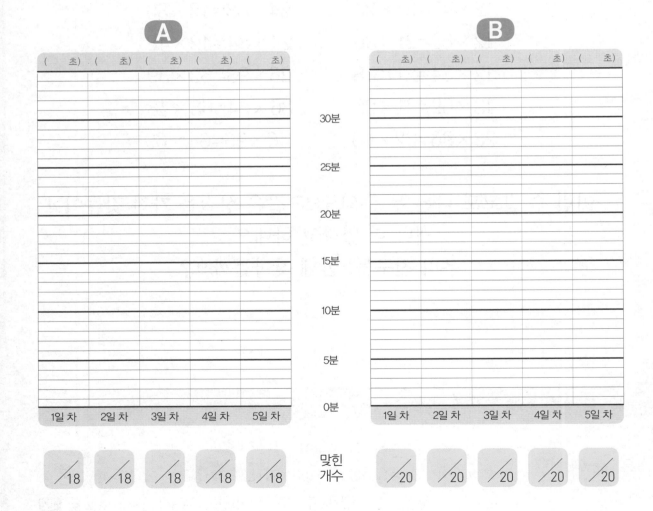

**A**

| ( 초) | ( 초) | ( 초) | ( 초) | ( 초) |
|---|---|---|---|---|
| 1일 차 | 2일 차 | 3일 차 | 4일 차 | 5일 차 |
| /18 | /18 | /18 | /18 | /18 |

30분
25분
20분
15분
10분
5분
0분

맞힌 개수

**B**

| ( 초) | ( 초) | ( 초) | ( 초) | ( 초) |
|---|---|---|---|---|
| 1일 차 | 2일 차 | 3일 차 | 4일 차 | 5일 차 |
| /20 | /20 | /20 | /20 | /20 |

**개념 포인트**

## (몇백)×(몇십)

(몇백)×(몇십)은 (몇)×(몇)의 값의 뒤에 곱하는 두 수의 0의 개수만큼 0을 붙입니다.

## (세 자리 수)×(몇십)

(세 자리 수)×(몇십)은 (세 자리 수)×(몇)의 값의 10배입니다.
즉, (세 자리 수)×(몇)의 값의 뒤에 0을 하나 더 붙입니다.

**예시**

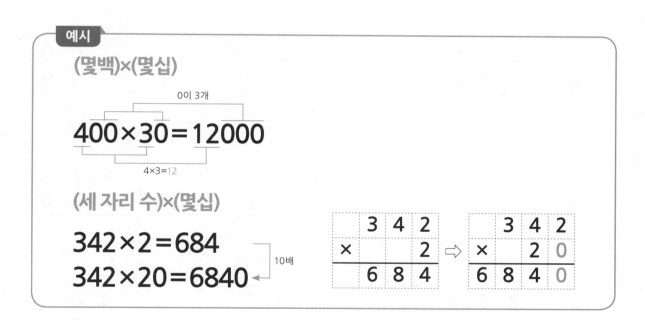

### (몇백)×(몇십)

0이 3개

$$400 \times 30 = 12000$$

4×3=12

### (세 자리 수)×(몇십)

$$342 \times 2 = 684$$
$$342 \times 20 = 6840$$

10배

| | | | |
|---|---|---|---|
| | 3 | 4 | 2 |
| × | | | 2 |
| | 6 | 8 | 4 |

⇨

| | | | |
|---|---|---|---|
| | 3 | 4 | 2 |
| × | | 2 | 0 |
| 6 | 8 | 4 | 0 |

지도 도우미

세 자리 수와 두 자리 수의 곱셈을 하기 위해 두 자리 수 중 (몇십)을 곱하는 과정을 공부하는 단계입니다. 특히 (몇백)×(몇십)의 경우 (몇)×(몇)의 값의 뒤에 곱하는 두 수의 0의 개수만큼 0을 붙일 수 있도록 지도해 주세요.

# 1일차 A형

## (세 자리 수)×(몇십)

| 월 | 일 |
|---|---|
| 분 | 초 |
| | /18 |

곱셈을 하세요.

(자리: 만 천 백 십 일)

❶ 300 × 70

❷ 600 × 90

❸ 500 × 80

❹ 700 × 70

❺ 800 × 30

❻ 400 × 80

❼ 600 × 30

❽ 900 × 90

❾ 200 × 80

❿ 167 × 50

⓫ 543 × 70

⓬ 839 × 30

⓭ 294 × 60

⓮ 717 × 40

⓯ 481 × 20

⓰ 638 × 50

⓱ 926 × 30

⓲ 544 × 80

자기 점수에 ○표 하세요

| 맞힌 개수 | 10개 이하 | 11~14개 | 15~16개 | 17~18개 |
|---|---|---|---|---|
| 학습 방법 | 개념을 다시 공부하세요. | 조금 더 노력 하세요. | 실수하면 안 돼요. | 참 잘했어요. |

1일차 B형

# (세 자리 수)×(몇십)

월 일
분 초
/20

(몇)×(몇), (세 자리 수)×(몇)을
한 다음 두 수의 0의 개수만큼
뒤에 붙여 봐!


정답 18쪽

곱셈을 하세요.

❶ $200\times30=$

❷ $400\times60=$

❸ $100\times40=$

❹ $500\times20=$

❺ $300\times50=$

❻ $700\times80=$

❼ $600\times20=$

❽ $900\times50=$

❾ $800\times30=$

❿ $300\times70=$

⓫ $154\times20=$

⓬ $417\times30=$

⓭ $536\times40=$

⓮ $325\times10=$

⓯ $718\times50=$

⓰ $657\times80=$

⓱ $276\times70=$

⓲ $453\times90=$

⓳ $361\times60=$

⓴ $825\times50=$

자기 점수에 ○표 하세요

| 맞힌 개수 | 12개 이하 | 13~16개 | 17~18개 | 19~20개 |
|---|---|---|---|---|
| 학습 방법 | 개념을 다시 공부하세요. | 조금 더 노력 하세요. | 실수하면 안 돼요. | 참 잘했어요. |

# 2일차 A형

## (세 자리 수)×(몇십)

| 월 | 일 |
|---|---|
| 분 | 초 |
| | /18 |

✎ 곱셈을 하세요.

(만 천 백 십 일)

❶ 200 × 50

❷ 900 × 30

❸ 600 × 20

❹ 800 × 90

❺ 400 × 60

❻ 100 × 70

❼ 300 × 60

❽ 900 × 70

❾ 700 × 30

❿ 285 × 40

⓫ 398 × 50

⓬ 152 × 60

⓭ 708 × 30

⓮ 940 × 80

⓯ 544 × 20

⓰ 939 × 80

⓱ 567 × 50

⓲ 437 × 40

자기 점수에 ○표 하세요

| 맞힌 개수 | 10개 이하 | 11~14개 | 15~16개 | 17~18개 |
|---|---|---|---|---|
| 학습 방법 | 개념을 다시 공부하세요. | 조금 더 노력 하세요. | 실수하면 안 돼요. | 참 잘했어요. |

# (세 자리 수)×(몇십)

월 일
분 초
/20

정답 19쪽

곱셈을 하세요.

① $500 \times 60 =$

② $700 \times 20 =$

③ $400 \times 50 =$

④ $600 \times 60 =$

⑤ $900 \times 20 =$

⑥ $800 \times 70 =$

⑦ $200 \times 70 =$

⑧ $100 \times 60 =$

⑨ $300 \times 50 =$

⑩ $200 \times 40 =$

⑪ $733 \times 30 =$

⑫ $564 \times 50 =$

⑬ $881 \times 60 =$

⑭ $993 \times 60 =$

⑮ $475 \times 90 =$

⑯ $287 \times 90 =$

⑰ $368 \times 20 =$

⑱ $179 \times 40 =$

⑲ $658 \times 30 =$

⑳ $472 \times 60 =$

자기 점수에 ○표 하세요

| 맞힌 개수 | 12개 이하 | 13~16개 | 17~18개 | 19~20개 |
|---|---|---|---|---|
| 학습 방법 | 개념을 다시 공부하세요. | 조금 더 노력하세요. | 실수하면 안 돼요. | 참 잘했어요. |

# 3일차 A형 (세 자리 수)×(몇십)

월 일
분 초
/18

곱셈을 하세요.

만 천 백 십 일

① 900 × 10 =

② 800 × 40 =

③ 700 × 50 =

④ 500 × 40 =

⑤ 900 × 90 =

⑥ 400 × 40 =

⑦ 800 × 30 =

⑧ 100 × 20 =

⑨ 200 × 60 =

⑩ 572 × 50 =

⑪ 446 × 20 =

⑫ 399 × 80 =

⑬ 638 × 40 =

⑭ 183 × 70 =

⑮ 823 × 50 =

⑯ 918 × 60 =

⑰ 716 × 30 =

⑱ 387 × 40 =

자기 점수에 ○표 하세요

| 맞힌 개수 | 10개 이하 | 11~14개 | 15~16개 | 17~18개 |
|---|---|---|---|---|
| 학습 방법 | 개념을 다시 공부하세요. | 조금 더 노력 하세요. | 실수하면 안 돼요. | 참 잘했어요. |

# (세 자리 수)×(몇십)

월 일
분 초
/20

정답 20쪽

곱셈을 하세요.

① $800\times60=$

② $500\times30=$

③ $600\times60=$

④ $400\times30=$

⑤ $200\times50=$

⑥ $900\times40=$

⑦ $100\times30=$

⑧ $300\times70=$

⑨ $400\times70=$

⑩ $700\times10=$

⑪ $537\times20=$

⑫ $838\times30=$

⑬ $498\times50=$

⑭ $611\times90=$

⑮ $236\times40=$

⑯ $971\times60=$

⑰ $732\times80=$

⑱ $219\times30=$

⑲ $154\times90=$

⑳ $374\times50=$

자기 점수에 ○표 하세요

| 맞힌 개수 | 12개 이하 | 13~16개 | 17~18개 | 19~20개 |
|---|---|---|---|---|
| 학습 방법 | 개념을 다시 공부하세요. | 조금 더 노력하세요. | 실수하면 안 돼요. | 참 잘했어요. |

# (세 자리 수)×(몇십)

월 일
분 초
/18

✎ 곱셈을 하세요.

❶

| 만 | 천 | 백 | 십 | 일 |
|---|---|---|---|---|
| | | 5 | 0 | 0 |
| × | | | 8 | 0 |
| | | | | |

❷

| 만 | 천 | 백 | 십 | 일 |
|---|---|---|---|---|
| | | 3 | 0 | 0 |
| × | | | 9 | 0 |
| | | | | |

❸

| 만 | 천 | 백 | 십 | 일 |
|---|---|---|---|---|
| | | 4 | 0 | 0 |
| × | | | 9 | 0 |
| | | | | |

❹

| | | | | |
|---|---|---|---|---|
| | | 7 | 0 | 0 |
| × | | | 8 | 0 |
| | | | | |

❺

| | | | | |
|---|---|---|---|---|
| | | 2 | 0 | 0 |
| × | | | 2 | 0 |
| | | | | |

❻

| | | | | |
|---|---|---|---|---|
| | | 9 | 0 | 0 |
| × | | | 2 | 0 |
| | | | | |

❼

| | | | | |
|---|---|---|---|---|
| | | 7 | 0 | 0 |
| × | | | 1 | 0 |
| | | | | |

❽

| | | | | |
|---|---|---|---|---|
| | | 6 | 0 | 0 |
| × | | | 4 | 0 |
| | | | | |

❾

| | | | | |
|---|---|---|---|---|
| | | 2 | 0 | 0 |
| × | | | 6 | 0 |
| | | | | |

❿

| | | | | |
|---|---|---|---|---|
| | | 8 | 2 | 4 |
| × | | | 4 | 0 |
| | | | | |

⓫

| | | | | |
|---|---|---|---|---|
| | | 7 | 1 | 5 |
| × | | | 6 | 0 |
| | | | | |

⓬

| | | | | |
|---|---|---|---|---|
| | | 1 | 9 | 5 |
| × | | | 7 | 0 |
| | | | | |

⓭

| | | | | |
|---|---|---|---|---|
| | | 5 | 6 | 9 |
| × | | | 8 | 0 |
| | | | | |

⓮

| | | | | |
|---|---|---|---|---|
| | | 2 | 9 | 1 |
| × | | | 5 | 0 |
| | | | | |

⓯

| | | | | |
|---|---|---|---|---|
| | | 3 | 4 | 3 |
| × | | | 3 | 0 |
| | | | | |

⓰

| | | | | |
|---|---|---|---|---|
| | | 6 | 7 | 1 |
| × | | | 1 | 0 |
| | | | | |

⓱

| | | | | |
|---|---|---|---|---|
| | | 8 | 5 | 4 |
| × | | | 6 | 0 |
| | | | | |

⓲

| | | | | |
|---|---|---|---|---|
| | | 4 | 5 | 4 |
| × | | | 7 | 0 |
| | | | | |

자기 점수에 ○표 하세요

| 맞힌 개수 | 10개 이하 | 11~14개 | 15~16개 | 17~18개 |
|---|---|---|---|---|
| 학습 방법 | 개념을 다시 공부하세요. | 조금 더 노력하세요. | 실수하면 안 돼요. | 참 잘했어요. |

# (세 자리 수)×(몇십)

월 일
분 초
/20

정답 21쪽

곱셈을 하세요.

① 500×50=

② 900×10=

③ 800×80=

④ 400×80=

⑤ 200×40=

⑥ 600×50=

⑦ 700×60=

⑧ 300×30=

⑨ 100×80=

⑩ 600×90=

⑪ 467×50=

⑫ 716×80=

⑬ 549×60=

⑭ 926×40=

⑮ 242×80=

⑯ 354×70=

⑰ 182×90=

⑱ 263×40=

⑲ 557×60=

⑳ 806×40=

자기 점수에 ○표 하세요

| 맞힌 개수 | 12개 이하 | 13~16개 | 17~18개 | 19~20개 |
|---|---|---|---|---|
| 학습 방법 | 개념을 다시 공부하세요. | 조금 더 노력하세요. | 실수하면 안 돼요. | 참 잘했어요. |

# 5일차 A형

## (세 자리 수)×(몇십)

월 일
분 초
/18

곱셈을 하세요.

❶ 200 × 90 =

❷ 500 × 30 =

❸ 600 × 80 =

❹ 400 × 10 =

❺ 700 × 70 =

❻ 100 × 50 =

❼ 800 × 80 =

❽ 900 × 70 =

❾ 300 × 40 =

❿ 388 × 20 =

⓫ 549 × 50 =

⓬ 273 × 80 =

⓭ 942 × 60 =

⓮ 730 × 80 =

⓯ 168 × 60 =

⓰ 457 × 30 =

⓱ 683 × 50 =

⓲ 878 × 40 =

(각 문제 칸 머리: 만 천 백 십 일)

자기 점수에 ○표 하세요

| 맞힌 개수 | 10개 이하 | 11~14개 | 15~16개 | 17~18개 |
|---|---|---|---|---|
| 학습 방법 | 개념을 다시 공부하세요. | 조금 더 노력하세요. | 실수하면 안 돼요. | 참 잘했어요. |

# (세 자리 수)×(몇십)

| 월 | 일 |
|---|---|
| 분 | 초 |
| | /20 |

정답 22쪽

곱셈을 하세요.

❶ $400\times40=$

❷ $600\times10=$

❸ $900\times50=$

❹ $300\times50=$

❺ $800\times10=$

❻ $200\times40=$

❼ $900\times80=$

❽ $700\times50=$

❾ $300\times40=$

❿ $500\times50=$

⓫ $922\times40=$

⓬ $371\times50=$

⓭ $432\times10=$

⓮ $859\times20=$

⓯ $336\times70=$

⓰ $685\times90=$

⓱ $147\times80=$

⓲ $508\times60=$

⓳ $740\times50=$

⓴ $931\times30=$

자기 점수에 ○표 하세요

| 맞힌 개수 | 12개 이하 | 13~16개 | 17~18개 | 19~20개 |
|---|---|---|---|---|
| 학습 방법 | 개념을 다시 공부하세요. | 조금 더 노력 하세요. | 실수하면 안 돼요. | 참 잘했어요. |

# 065 단계 (세 자리 수)×(두 자리 수)

**◆스스로 학습 관리표◆**

- 매일 맞힌 개수를 적고, 걸린 시간만큼 색칠해 보세요. (눈금 1칸은 1분이며, 초는 표의 상단에 적으세요.)
- 하루하루 지날수록 실력이 자라고, 계산 속도가 빨라지는 것을 눈으로 직접 확인할 수 있습니다.

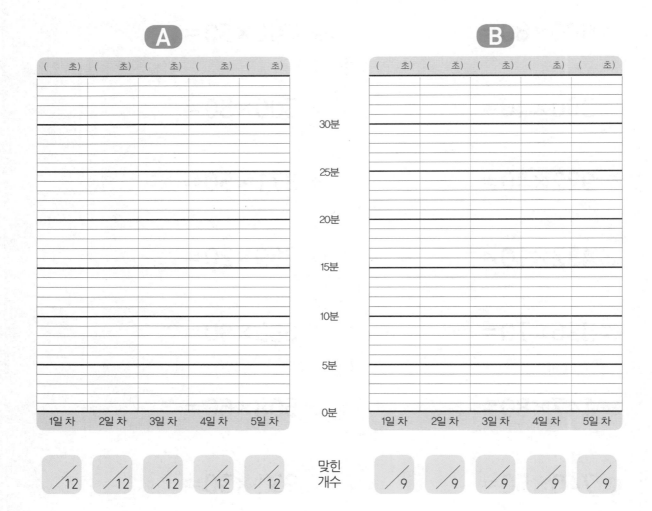

**A**

| | 1일 차 | 2일 차 | 3일 차 | 4일 차 | 5일 차 |
|---|---|---|---|---|---|
| | ( 초) | ( 초) | ( 초) | ( 초) | ( 초) |
| 30분 | | | | | |
| 25분 | | | | | |
| 20분 | | | | | |
| 15분 | | | | | |
| 10분 | | | | | |
| 5분 | | | | | |
| 0분 | | | | | |
| 맞힌 개수 | /12 | /12 | /12 | /12 | /12 |

**B**

| | 1일 차 | 2일 차 | 3일 차 | 4일 차 | 5일 차 |
|---|---|---|---|---|---|
| | ( 초) | ( 초) | ( 초) | ( 초) | ( 초) |
| 30분 | | | | | |
| 25분 | | | | | |
| 20분 | | | | | |
| 15분 | | | | | |
| 10분 | | | | | |
| 5분 | | | | | |
| 0분 | | | | | |
| 맞힌 개수 | /9 | /9 | /9 | /9 | /9 |

## 개념 포인트

### (세 자리 수) × (두 자리 수)

(세 자리 수)×(몇), (세 자리 수)×(몇십)으로 나누어 각각의 곱을 구한 다음, 이 두 수를 더한 것이 (세 자리 수)×(두 자리 수)의 값이 됩니다.
수가 커지다 보니 곱할 때 올림이 있고, 더할 때 받아올림이 있습니다. 실수하지 않고 정확하게 계산할 수 있도록 주의해 주세요.

①

| | | | | |
|---|---|---|---|---|
| | | 2 | 5 | 8 |
| × | | | 4 | 1 |
| | | 2 | 5 | 8 |
| | | | | |
| | | | | |

258×1=258

②

| | | | | |
|---|---|---|---|---|
| | | 2 | 5 | 8 |
| × | | | 4 | 1 |
| | | 2 | 5 | 8 |
| 1 | 0 | 3 | 2 | |
| | | | | |

258×40=10320

③

| | | | | |
|---|---|---|---|---|
| | | 2 | 5 | 8 |
| × | | | 4 | 1 |
| | | 2 | 5 | 8 |
| 1 | 0 | 3 | 2 | |
| 1 | 0 | 5 | 7 | 8 |

258+10320=10578

일의 자리 숫자 0을 생략

**예시**

세로셈

| | | | | |
|---|---|---|---|---|
| | | 1 | 6 | 5 |
| × | | | 4 | 3 |
| | | 4 | 9 | 5 |
| | 6 | 6 | 0 | |
| | 7 | 0 | 9 | 5 |

가로셈
139×53

| | | | | |
|---|---|---|---|---|
| | | 1 | 3 | 9 |
| × | | | 5 | 3 |
| | | 4 | 1 | 7 |
| | 6 | 9 | 5 | |
| | 7 | 3 | 6 | 7 |

곱해지는 수의 자릿수가 늘면서 계산 결과가 커지고 있습니다. 앞에서 배웠던 (두 자리 수)×(두 자리 수)와 같은 방법으로 계산하면 되는데 아이들은 수가 커지므로 겁을 먹고 포기하는 경우가 있습니다. 곱할 때 올림과 더할 때 받아올림을 정확하게 적용하는 것이 중요합니다. 계산이 복잡하므로 책에 풀지 말고 연습장에 차분하게 계산하도록 해 주세요.

1일차 A형

# (세 자리 수)×(두 자리 수)

| 월 | 일 |
|---|---|
| 분 | 초 |
| | /12 |

자릿수가 커져도
차근차근 계산하면 돼!


✎ 곱셈을 하세요.

(자리: 만 천 백 십 일)

❶ 163 × 42

❷ 552 × 22

❸ 608 × 31

❹ 258 × 43

❺ 466 × 45

❻ 847 × 46

❼ 242 × 64

❽ 641 × 18

❾ 728 × 76

❿ 847 × 38

⓫ 347 × 63

⓬ 218 × 92

자기 점수에 ○표 하세요

| 맞힌 개수 | 6개 이하 | 7~8개 | 9~10개 | 11~12개 |
|---|---|---|---|---|
| 학습 방법 | 개념을 다시 공부하세요. | 조금 더 노력 하세요. | 실수하면 안 돼요. | 참 잘했어요. |

# 1일차 B형 (세 자리 수)×(두 자리 수)

월 일
분 초
/9

정답 23쪽

곱셈을 하세요.

❶ 282×29

❷ 947×11

❸ 577×81

❹ 477×99

❺ 502×38

❻ 369×87

❼ 884×42

❽ 592×96

❾ 894×47

자기 점수에 ○표 하세요

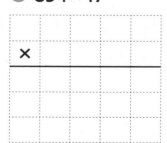

| 맞힌 개수 | 4개 이하 | 5~6개 | 7~8개 | 9개 |
|---|---|---|---|---|
| 학습 방법 | 개념을 다시 공부하세요. | 조금 더 노력하세요. | 실수하면 안 돼요. | 참 잘했어요. |

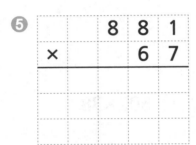

# (세 자리 수)×(두 자리 수)

월 일
분 초
/12

곱셈을 하세요.

❶
| 만 | 천 | 백 | 십 | 일 |
|---|---|---|---|---|
| | | 5 | 1 | 5 |
| × | | | 7 | 7 |

❷
| 만 | 천 | 백 | 십 | 일 |
|---|---|---|---|---|
| | | 5 | 4 | 1 |
| × | | | 2 | 8 |

❸
| 만 | 천 | 백 | 십 | 일 |
|---|---|---|---|---|
| | | 4 | 5 | 9 |
| × | | | 7 | 3 |

❹
| | | | | |
|---|---|---|---|---|
| | | 4 | 4 | 8 |
| × | | | 4 | 1 |

❺
| | | | | |
|---|---|---|---|---|
| | | 8 | 8 | 1 |
| × | | | 6 | 7 |

❻
| | | | | |
|---|---|---|---|---|
| | | 5 | 8 | 0 |
| × | | | 5 | 6 |

❼
| | | | | |
|---|---|---|---|---|
| | | 6 | 3 | 7 |
| × | | | 2 | 2 |

❽
| | | | | |
|---|---|---|---|---|
| | | 5 | 4 | 2 |
| × | | | 4 | 3 |

❾
| | | | | |
|---|---|---|---|---|
| | | 2 | 8 | 4 |
| × | | | 7 | 9 |

❿
| | | | | |
|---|---|---|---|---|
| | | 4 | 3 | 6 |
| × | | | 2 | 8 |

⓫
| | | | | |
|---|---|---|---|---|
| | | 7 | 8 | 4 |
| × | | | 7 | 2 |

⓬
| | | | | |
|---|---|---|---|---|
| | | 9 | 6 | 2 |
| × | | | 9 | 3 |

자기 점수에 ○표 하세요.

| 맞힌 개수 | 6개 이하 | 7~8개 | 9~10개 | 11~12개 |
|---|---|---|---|---|
| 학습 방법 | 개념을 다시 공부하세요. | 조금 더 노력하세요. | 실수하면 안 돼요. | 참 잘했어요. |

# (세 자리 수)×(두 자리 수)

월 일
분 초
/9

정답 24쪽

곱셈을 하세요.

① 996×71

② 879×88

③ 422×72

④ 564×27

⑤ 166×42

⑥ 728×92

⑦ 267×79

⑧ 129×52

⑨ 752×15

자기 점수에 ○표 하세요

| 맞힌 개수 | 4개 이하 | 5~6개 | 7~8개 | 9개 |
|---|---|---|---|---|
| 학습 방법 | 개념을 다시 공부하세요. | 조금 더 노력하세요. | 실수하면 안 돼요. | 참 잘했어요. |

3일차 A형

# (세 자리 수)×(두 자리 수)

월 일
분 초
/12

곱셈을 하세요.

| | 만 | 천 | 백 | 십 | 일 |
|---|---|---|---|---|---|
| ❶ | | | 8 | 9 | 1 |
| | × | | | 3 | 4 |

| | 만 | 천 | 백 | 십 | 일 |
|---|---|---|---|---|---|
| ❷ | | | 4 | 3 | 6 |
| | × | | | 2 | 8 |

| | 만 | 천 | 백 | 십 | 일 |
|---|---|---|---|---|---|
| ❸ | | | 3 | 4 | 5 |
| | × | | | 1 | 6 |

❹ $291 \times 95$

❺ $464 \times 57$

❻ $357 \times 94$

❼ $784 \times 72$

❽ $419 \times 92$

❾ $238 \times 54$

❿ $663 \times 73$

⓫ $923 \times 33$

⓬ $422 \times 64$

자기 점수에 ○표 하세요

| 맞힌 개수 | 6개 이하 | 7~8개 | 9~10개 | 11~12개 |
|---|---|---|---|---|
| 학습 방법 | 개념을 다시 공부하세요. | 조금 더 노력하세요. | 실수하면 안 돼요. | 참 잘했어요. |

# (세 자리 수)×(두 자리 수)

| 월 | 일 |
|---|---|
| 분 | 초 |
| | /9 |

정답 25쪽

곱셈을 하세요.

❶ 936×49

❷ 402×57

❸ 511×83

❹ 368×47

❺ 686×66

❻ 234×48

❼ 827×54

❽ 726×65

❾ 463×57

자기 점수에 ○표 하세요

| 맞힌 개수 | 4개 이하 | 5~6개 | 7~8개 | 9개 |
|---|---|---|---|---|
| 학습 방법 | 개념을 다시 공부하세요. | 조금 더 노력 하세요. | 실수하면 안 돼요. | 참 잘했어요. |

월 일
분 초
/12

# 4일차 A형 (세 자리 수)×(두 자리 수)

곱셈을 하세요.

❶ 748 × 29 (만 천 백 십 일)

❷ 328 × 62

❸ 547 × 38

❹ 884 × 73

❺ 448 × 68

❻ 635 × 41

❼ 185 × 38

❽ 298 × 47

❾ 923 × 66

❿ 714 × 29

⓫ 354 × 63

⓬ 902 × 28

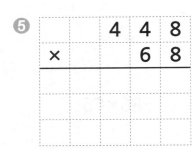

자기 점수에 ○표 하세요

| 맞힌 개수 | 6개 이하 | 7~8개 | 9~10개 | 11~12개 |
|---|---|---|---|---|
| 학습 방법 | 개념을 다시 공부하세요. | 조금 더 노력 하세요. | 실수하면 안 돼요. | 참 잘했어요. |

# (세 자리 수)×(두 자리 수)

| 월 | 일 |
|---|---|
| 분 | 초 |
| | /9 |

정답 26쪽

곱셈을 하세요.

❶ 133×94

❷ 319×53

❸ 681×71

❹ 763×35

❺ 452×57

❻ 243×76

❼ 529×27

❽ 831×49

❾ 917×24

자기 점수에 ○표 하세요

| 맞힌 개수 | 4개 이하 | 5~6개 | 7~8개 | 9개 |
|---|---|---|---|---|
| 학습 방법 | 개념을 다시 공부하세요. | 조금 더 노력하세요. | 실수하면 안 돼요. | 참 잘했어요. |

# (세 자리 수)×(두 자리 수)

월 일
분 초
/12

곱셈을 하세요.

❶

| 만 | 천 | 백 | 십 | 일 |
|---|---|---|---|---|
| | | 3 | 3 | 9 |
| × | | | 5 | 7 |
| | | | | |
| | | | | |
| | | | | |

❷

| 만 | 천 | 백 | 십 | 일 |
|---|---|---|---|---|
| | | 1 | 7 | 9 |
| × | | | 2 | 6 |
| | | | | |
| | | | | |
| | | | | |

❸

| 만 | 천 | 백 | 십 | 일 |
|---|---|---|---|---|
| | | 4 | 3 | 9 |
| × | | | 5 | 4 |
| | | | | |
| | | | | |
| | | | | |

❹

| | | | | |
|---|---|---|---|---|
| | | 5 | 4 | 7 |
| × | | | 3 | 7 |
| | | | | |
| | | | | |
| | | | | |

❺

| | | | | |
|---|---|---|---|---|
| | | 7 | 3 | 3 |
| × | | | 1 | 9 |
| | | | | |
| | | | | |
| | | | | |

❻

| | | | | |
|---|---|---|---|---|
| | | 2 | 8 | 5 |
| × | | | 6 | 3 |
| | | | | |
| | | | | |
| | | | | |

❼

| | | | | |
|---|---|---|---|---|
| | | 6 | 3 | 7 |
| × | | | 5 | 9 |
| | | | | |
| | | | | |
| | | | | |

❽

| | | | | |
|---|---|---|---|---|
| | | 2 | 9 | 2 |
| × | | | 6 | 2 |
| | | | | |
| | | | | |
| | | | | |

❾

| | | | | |
|---|---|---|---|---|
| | | 5 | 8 | 4 |
| × | | | 8 | 5 |
| | | | | |
| | | | | |
| | | | | |

❿

| | | | | |
|---|---|---|---|---|
| | | 2 | 5 | 6 |
| × | | | 2 | 4 |
| | | | | |
| | | | | |
| | | | | |

⓫

| | | | | |
|---|---|---|---|---|
| | | 4 | 8 | 9 |
| × | | | 7 | 3 |
| | | | | |
| | | | | |
| | | | | |

⓬

| | | | | |
|---|---|---|---|---|
| | | 6 | 7 | 3 |
| × | | | 9 | 2 |
| | | | | |
| | | | | |
| | | | | |

자기 점수에 ○표 하세요

| 맞힌 개수 | 6개 이하 | 7~8개 | 9~10개 | 11~12개 |
|---|---|---|---|---|
| 학습 방법 | 개념을 다시 공부하세요. | 조금 더 노력 하세요. | 실수하면 안 돼요. | 참 잘했어요. |

# (세 자리 수)×(두 자리 수)

월 일
분 초
/9

정답 27쪽

곱셈을 하세요.

❶ 739×86

❷ 549×47

❸ 652×54

❹ 438×27

❺ 772×39

❻ 574×39

❼ 817×29

❽ 124×74

❾ 354×26

자기 점수에 ○표 하세요

| 맞힌 개수 | 4개 이하 | 5~6개 | 7~8개 | 9개 |
|---|---|---|---|---|
| 학습 방법 | 개념을 다시 공부하세요. | 조금 더 노력하세요. | 실수하면 안 돼요. | 참 잘했어요. |

# 066 단계 몇십으로 나누기

**◆스스로 학습 관리표◆**

- 매일 맞힌 개수를 적고, 걸린 시간만큼 색칠해 보세요.
(눈금 1칸은 1분이며, 초는 표의 상단에 적으세요.)
- 하루하루 지날수록 실력이 자라고, 계산 속도가 빨라지는 것을 눈으로 직접 확인할 수 있습니다.

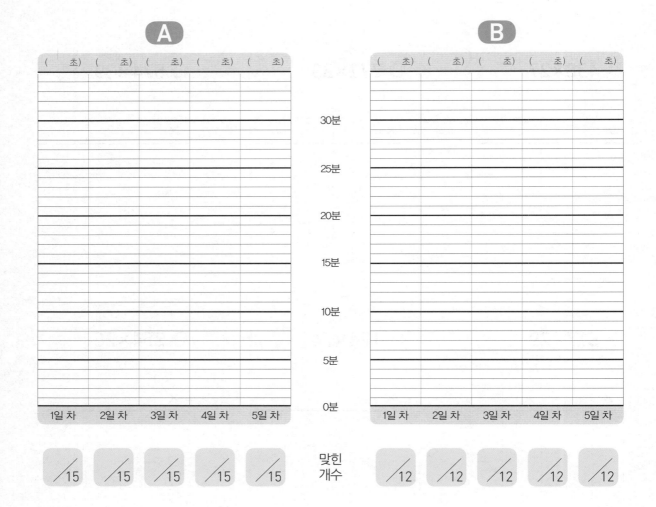

**A**

| | 1일 차 | 2일 차 | 3일 차 | 4일 차 | 5일 차 |
|---|---|---|---|---|---|
| | ( 초) | ( 초) | ( 초) | ( 초) | ( 초) |
| 30분 | | | | | |
| 25분 | | | | | |
| 20분 | | | | | |
| 15분 | | | | | |
| 10분 | | | | | |
| 5분 | | | | | |
| 0분 | | | | | |
| 맞힌 개수 | /15 | /15 | /15 | /15 | /15 |

**B**

| | 1일 차 | 2일 차 | 3일 차 | 4일 차 | 5일 차 |
|---|---|---|---|---|---|
| | ( 초) | ( 초) | ( 초) | ( 초) | ( 초) |
| 30분 | | | | | |
| 25분 | | | | | |
| 20분 | | | | | |
| 15분 | | | | | |
| 10분 | | | | | |
| 5분 | | | | | |
| 0분 | | | | | |
| 맞힌 개수 | /12 | /12 | /12 | /12 | /12 |

## 개념 포인트

### 나누어지는 수에 몇십이 몇 번 들어갈 수 있는지 어림하기

8에는 4가 2번 들어갈 수 있습니다.

8−4−4=0

이것을 나눗셈식으로 나타내면 8÷4=2라고 쓰고, 2는 나눗셈의 몫입니다.

마찬가지로 80에는 40이 몇 번 들어갈 수 있는지 알아보면 80÷40의 몫이 얼마인지 알 수 있습니다.

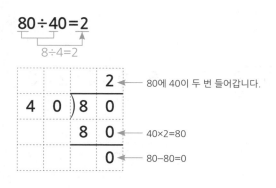

**80÷40=2**

8÷4=2

| | | | | |
|---|---|---|---|---|
| | | | 2 | ← 80에 40이 두 번 들어갑니다. |
| 4 | 0 | )8 | 0 | |
| | | 8 | 0 | ← 40×2=80 |
| | | | 0 | ← 80−80=0 |

**296÷40=7 … 16**

| | | | | | |
|---|---|---|---|---|---|
| | | | | 7 | ← 296에 40이 일곱 번 들어갑니다. |
| 4 | 0 | )2 | 9 | 6 | |
| | | 2 | 8 | 0 | ← 40×7=280 |
| | | | 1 | 6 | ← 296−280=16 |

**예시**

세로셈

| | | | | |
|---|---|---|---|---|
| | | | | 6 |
| 6 | 0 | )3 | 6 | 0 |
| | | 3 | 6 | 0 |
| | | | | 0 |

가로셈

135÷40

| | | | | |
|---|---|---|---|---|
| | | | | 3 |
| 4 | 0 | )1 | 3 | 5 |
| | | 1 | 2 | 0 |
| | | | 1 | 5 |

지금까지 몇(한 자리 수)으로만 나누는 나눗셈을 했습니다. 이제는 몇십으로 나누는 나눗셈으로 확장합니다. 이번 단계는 두 자리 수로 나누기를 할 때, 몫을 어림하는 기초 단계입니다. 나눗셈에서 나머지는 항상 나누는 수보다 작아야 함을 강조해 주세요. 아이들은 나머지가 나누는 수보다 더 크게 나누는 실수를 자주 합니다. 바르게 나눗셈을 했는지 검산을 통해 확인할 수 있도록 지도해 주세요.

1일차 A형

# 몇십으로 나누기

| 월 | 일 |
| --- | --- |
| 분 | 초 |
| | /15 |

나눗셈을 하세요.

❶ 30)120

❷ 20)170

❸ 40)380

❹ 70)367

❺ 80)493

❻ 60)420

❼ 40)230

❽ 30)225

❾ 20)82

❿ 60)563

⓫ 90)256

⓬ 30)287

⓭ 70)459

⓮ 40)92

⓯ 50)381

자기 점수에 ○표 하세요

| 맞힌 개수 | 8개 이하 | 9~11개 | 12~13개 | 14~15개 |
| --- | --- | --- | --- | --- |
| 학습 방법 | 개념을 다시 공부하세요. | 조금 더 노력 하세요. | 실수하면 안 돼요. | 참 잘했어요. |

1일차 B형

# 몇십으로 나누기

월 일
분 초
/12

정답 28쪽

✎ 나눗셈을 하세요.

❶ 540÷90

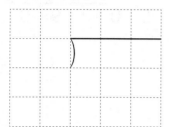

❷ 270÷60

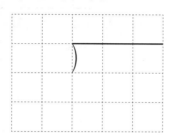

❸ 440÷70

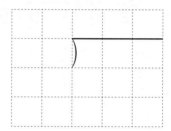

❹ 150÷50

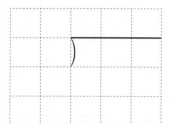

❺ 348÷40

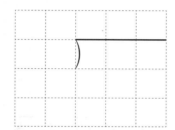

❻ 651÷90

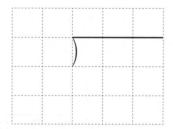

❼ 705÷80

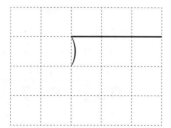

❽ 428÷50

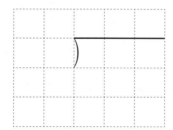

❾ 179÷80

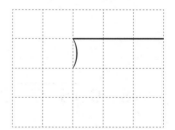

❿ 873÷90

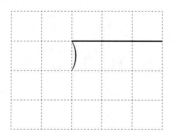

⓫ 384÷60

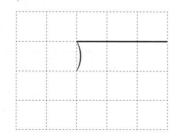

⓬ 225÷40

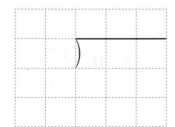

자기 점수에 ○표 하세요

| 맞힌 개수 | 6개 이하 | 7~8개 | 9~10개 | 11~12개 |
|---|---|---|---|---|
| 학습 방법 | 개념을 다시 공부하세요. | 조금 더 노력하세요. | 실수하면 안 돼요. | 참 잘했어요. |

# 몇십으로 나누기

| 월 | 일 |
|---|---|
| 분 | 초 |
| | /15 |

나눗셈을 하세요.

❶ $20\overline{)190}$

❷ $40\overline{)330}$

❸ $50\overline{)290}$

❹ $80\overline{)263}$

❺ $60\overline{)347}$

❻ $80\overline{)420}$

❼ $70\overline{)220}$

❽ $50\overline{)265}$

❾ $30\overline{)87}$

❿ $80\overline{)573}$

⓫ $90\overline{)456}$

⓬ $70\overline{)387}$

⓭ $70\overline{)302}$

⓮ $40\overline{)181}$

⓯ $50\overline{)269}$

자기 점수에 ○표 하세요

| 맞힌 개수 | 8개 이하 | 9~11개 | 12~13개 | 14~15개 |
|---|---|---|---|---|
| 학습 방법 | 개념을 다시 공부하세요. | 조금 더 노력하세요. | 실수하면 안 돼요. | 참 잘했어요. |

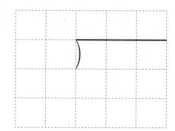

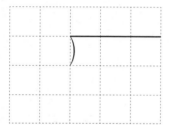

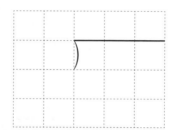

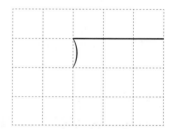

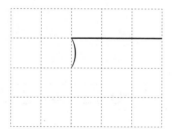

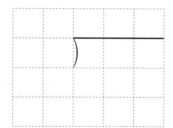

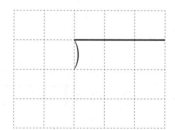

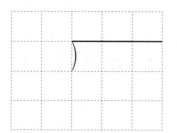

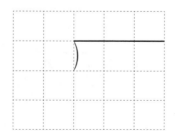

# 몇십으로 나누기

| 월 | 일 |
|---|---|
| 분 | 초 |
| | /12 |

정답 29쪽

나눗셈을 하세요.

① 230÷90

② 250÷40

③ 340÷80

④ 210÷70

⑤ 394÷60

⑥ 751÷80

⑦ 605÷70

⑧ 419÷90

⑨ 392÷60

⑩ 594÷80

⑪ 278÷40

⑫ 159÷70

자기 점수에 ○표 하세요

| 맞힌 개수 | 6개 이하 | 7~8개 | 9~10개 | 11~12개 |
|---|---|---|---|---|
| 학습 방법 | 개념을 다시 공부하세요. | 조금 더 노력하세요. | 실수하면 안 돼요. | 참 잘했어요. |

3일차 A형

# 몇십으로 나누기

| 월 | 일 |
|---|---|
| 분 | 초 |
| | /15 |

나눗셈을 하세요.

❶ $70\overline{)550}$

❷ $30\overline{)160}$

❸ $60\overline{)280}$

❹ $90\overline{)654}$

❺ $60\overline{)382}$

❻ $70\overline{)608}$

❼ $30\overline{)294}$

❽ $40\overline{)295}$

❾ $40\overline{)79}$

❿ $20\overline{)162}$

⓫ $40\overline{)279}$

⓬ $60\overline{)342}$

⓭ $80\overline{)316}$

⓮ $30\overline{)74}$

⓯ $20\overline{)181}$

자기 점수에 ○표 하세요

| 맞힌 개수 | 8개 이하 | 9~11개 | 12~13개 | 14~15개 |
|---|---|---|---|---|
| 학습 방법 | 개념을 다시 공부하세요. | 조금 더 노력하세요. | 실수하면 안 돼요. | 참 잘했어요. |

# 몇십으로 나누기

월 일
분 초
/12

정답 30쪽

나눗셈을 하세요.

❶ 370÷80

❷ 290÷70

❸ 450÷60

❹ 130÷40

❺ 298÷40

❻ 754÷80

❼ 525÷90

❽ 328÷70

❾ 703÷80

❿ 443÷90

⓫ 224÷60

⓬ 465÷90

자기 점수에 ○표 하세요

| 맞힌 개수 | 6개 이하 | 7~8개 | 9~10개 | 11~12개 |
|---|---|---|---|---|
| 학습 방법 | 개념을 다시 공부하세요. | 조금 더 노력하세요. | 실수하면 안 돼요. | 참 잘했어요. |

# 몇십으로 나누기

월 일
분 초
/15

나눗셈을 하세요.

❶ $50\overline{)210}$

❷ $40\overline{)340}$

❸ $90\overline{)350}$

❹ $60\overline{)257}$

❺ $80\overline{)623}$

❻ $30\overline{)190}$

❼ $50\overline{)330}$

❽ $90\overline{)215}$

❾ $30\overline{)96}$

❿ $40\overline{)343}$

⓫ $90\overline{)556}$

⓬ $20\overline{)117}$

⓭ $50\overline{)439}$

⓮ $70\overline{)84}$

⓯ $30\overline{)263}$

자기 점수에 ○표 하세요

| 맞힌 개수 | 8개 이하 | 9~11개 | 12~13개 | 14~15개 |
|---|---|---|---|---|
| 학습 방법 | 개념을 다시 공부하세요. | 조금 더 노력 하세요. | 실수하면 안 돼요. | 참 잘했어요. |

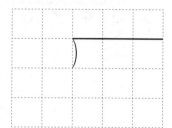

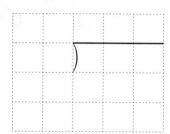

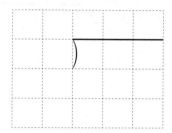

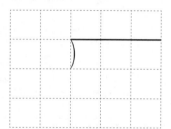

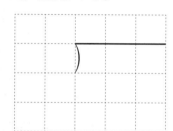

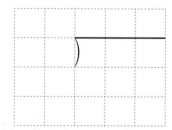

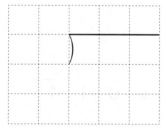

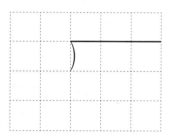

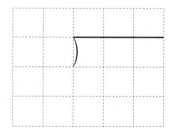

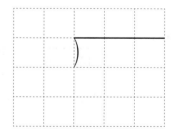

# 몇십으로 나누기

월 일
분 초
/12

정답 31쪽

나눗셈을 하세요.

❶ 230÷80

❷ 340÷40

❸ 640÷70

❹ 120÷70

❺ 293÷40

❻ 432÷90

❼ 526÷80

❽ 613÷90

❾ 324÷70

❿ 764÷80

⓫ 297÷40

⓬ 355÷40

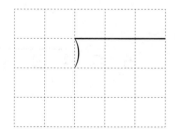

자기 점수에 ○표 하세요

| 맞힌 개수 | 6개 이하 | 7~8개 | 9~10개 | 11~12개 |
|---|---|---|---|---|
| 학습 방법 | 개념을 다시 공부하세요. | 조금 더 노력하세요. | 실수하면 안 돼요. | 참 잘했어요. |

5일차 A형

# 몇십으로 나누기

월 일
분 초
/15

나눗셈을 하세요.

❶ $30\overline{)170}$

❷ $90\overline{)810}$

❸ $50\overline{)430}$

❹ $60\overline{)267}$

❺ $40\overline{)258}$

❻ $80\overline{)450}$

❼ $40\overline{)130}$

❽ $90\overline{)245}$

❾ $10\overline{)53}$

❿ $50\overline{)473}$

⓫ $70\overline{)256}$

⓬ $30\overline{)147}$

⓭ $60\overline{)433}$

⓮ $30\overline{)89}$

⓯ $50\overline{)443}$

자기 점수에 ○표 하세요

| 맞힌 개수 | 8개 이하 | 9~11개 | 12~13개 | 14~15개 |
|---|---|---|---|---|
| 학습 방법 | 개념을 다시 공부하세요. | 조금 더 노력 하세요. | 실수하면 안 돼요. | 참 잘했어요. |

# 5일차 B형 몇십으로 나누기

월 일
분 초
/12

정답 32쪽

나눗셈을 하세요.

❶ 640÷70

❷ 320÷60

❸ 490÷70

❹ 170÷40

❺ 252÷60

❻ 536÷90

❼ 345÷80

❽ 488÷70

❾ 162÷70

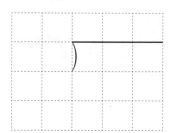

❿ 423÷90

⓫ 489÷60

⓬ 332÷40

자기 점수에 ○표 하세요

| 맞힌 개수 | 6개 이하 | 7~8개 | 9~10개 | 11~12개 |
|---|---|---|---|---|
| 학습 방법 | 개념을 다시 공부하세요. | 조금 더 노력 하세요. | 실수하면 안 돼요. | 참 잘했어요. |

## 세 단계 묶어 풀기 O64 ~ O66단계
## (세 자리 수)×(두 자리 수)/몇십으로 나누기

월 일
분 초
/12

정답 33쪽

곱셈을 하세요.

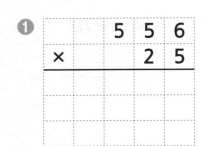

❶ $556 \times 25$

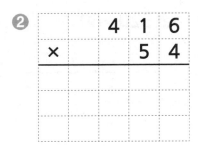

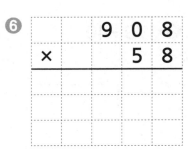

❷ $416 \times 54$

❸ $749 \times 37$

❹ $823 \times 26$

❺ $682 \times 43$

❻ $908 \times 58$

나눗셈을 하세요.

❼ $30\overline{)230}$

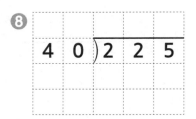

❽ $40\overline{)225}$

❾ $50\overline{)62}$

❿ 480÷50

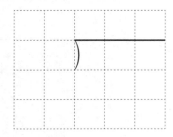

⓫ 520÷90

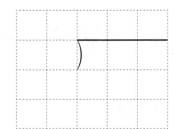

⓬ 432÷60

재미있는 수학이야기

# 숫자로 만든 피라미드

수의 계산 결과를 잘 배치했을 때,
멋진 모양이 나오는 것을 숫자 디자인이라고 부릅니다.
여러 개의 1로 만들어진 숫자 피라미드를 살펴봅시다.

1x1=1
11x11=121
111x111=12321
1111x1111=1234321
11111x11111=123454321
111111x111111=12345654321
1111111x1111111=1234567654321
11111111x11111111=123456787654321
111111111x111111111=12345678987654321

하나의 1을 1과 곱하고, 이후 1의 개수를 하나씩 늘려가면서 곱하니 1에서 9까지 수가 나옵니다. 신기하지요? 진짜로 이 식이 맞는지 연필을 들고 계산해 보고 싶은 생각이 들지 않나요? 실제로 이 곱셈 계산을 해 봅시다. 연이어 1이 6개 있는 111111×111111을 세로셈으로 계산해 봅시다. 무척 어려운 곱셈일 것 같지만 그렇지 않아요. 1을 연이어 6개 쓴 줄을 왼쪽으로 1칸씩 밀어가면서 6줄을 쓴 다음, 각 자리에 있는 1의 개수를 쓰기만 하면 됩니다. 바로 다음처럼 말이에요.

```
        111111
  ×     111111
  ------------
        111111
       111111
      111111
     111111
    111111
   111111
  ------------
   12345654321
```

1이 10개 있는 수를 두 번 곱하면 얼마인지 이런 방법으로 알아보세요.

# 067 단계 (두 자리 수)÷(두 자리 수)

**◆스스로 학습 관리표◆**

- 매일 맞힌 개수를 적고, 걸린 시간만큼 색칠해 보세요.
(눈금 1칸은 1분이며, 초는 표의 상단에 적으세요.)
- 하루하루 지날수록 실력이 자라고, 계산 속도가 빨라지는 것을 눈으로 직접 확인할 수 있습니다.

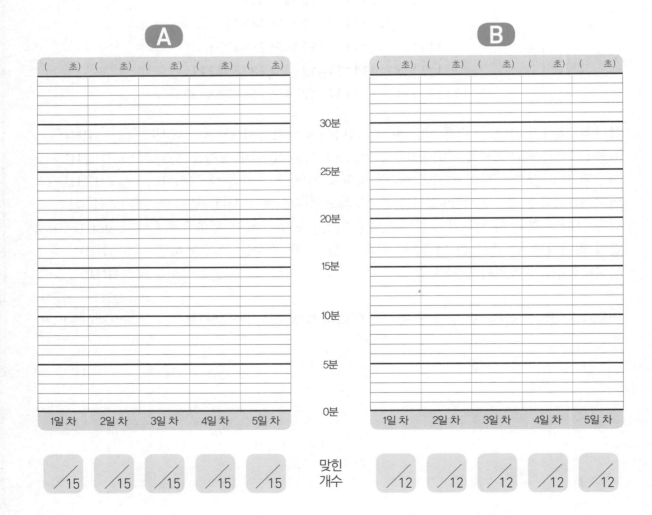

**A**

| | 1일 차 | 2일 차 | 3일 차 | 4일 차 | 5일 차 |
|---|---|---|---|---|---|
| | (　초) | (　초) | (　초) | (　초) | (　초) |
| 30분 | | | | | |
| 25분 | | | | | |
| 20분 | | | | | |
| 15분 | | | | | |
| 10분 | | | | | |
| 5분 | | | | | |
| 0분 | | | | | |
| 맞힌 개수 | /15 | /15 | /15 | /15 | /15 |

**B**

| | 1일 차 | 2일 차 | 3일 차 | 4일 차 | 5일 차 |
|---|---|---|---|---|---|
| | (　초) | (　초) | (　초) | (　초) | (　초) |
| 30분 | | | | | |
| 25분 | | | | | |
| 20분 | | | | | |
| 15분 | | | | | |
| 10분 | | | | | |
| 5분 | | | | | |
| 0분 | | | | | |
| 맞힌 개수 | /12 | /12 | /12 | /12 | /12 |

## 개념 포인트

### 몫을 어림하기

(두 자리 수)÷(두 자리 수)를 할 때는 나누어지는 수, 나누는 수를 모두 몇십으로 어림해서 몫이 얼마나 될지 예상합니다.
54÷15에서 54를 50으로, 15를 20으로 어림하면 몫은 50÷20에서 2나 3일 것으로 예상할 수 있습니다.

(1) 몫을 2로 예상하기

| | | | |
|---|---|---|---|
| | | | 2 |
| 1 | 5 | )5 | 4 |
| | | 3 | 0 |
| | | 2 | 4 |

15 < 24 나머지가 나누는 수보다 큽니다.

몫을 1 크게 해서 다시 나눗셈을 합니다.

(2) 몫을 3으로 예상하기

| | | | |
|---|---|---|---|
| | | | 3 |
| 1 | 5 | )5 | 4 |
| | | 4 | 5 |
| | | | 9 |

또한 59÷21에서 59를 60으로, 21을 20으로 어림하면 몫은 60÷20에서 3일 것으로 예상할 수 있습니다. 맞는지 확인해 봅시다.

(1) 몫을 3으로 예상하기

| | | | |
|---|---|---|---|
| | | | 3 |
| 2 | 1 | )5 | 9 |
| | | 6 | 3 |
| | | | |

59에서 63을 뺄 수 없습니다.

몫을 1 작게 해서 다시 나눗셈을 합니다.

(2) 몫을 2로 예상하기

| | | | |
|---|---|---|---|
| | | | 2 |
| 2 | 1 | )5 | 9 |
| | | 4 | 2 |
| | | 1 | 7 |

**예시**

**세로셈**

| | | | |
|---|---|---|---|
| | | | 3 |
| 1 | 5 | )5 | 4 |
| | | 4 | 5 |
| | | | 9 |

**가로셈**
**59÷21**

| | | | |
|---|---|---|---|
| | | | 2 |
| 2 | 1 | )5 | 9 |
| | | 4 | 2 |
| | | 1 | 7 |

아이들이 어려움을 느끼는 단계입니다. 예상한 몫이 맞지 않을 때, 계산하기 싫어지기 때문이지요. 수 감각을 발달시키기 위해서는 시행착오를 겪는 과정도 필요합니다. 처음에는 빠른 시간 안에 완성하는 것보다 예상한 몫과 달랐을 때, 다시 계산하는 과정을 성실하게 수행했는지 보고 칭찬과 격려를 해 주세요. 그러다 보면 자신감이 붙어 계산도 빨라질 거예요.

# 1일차 A형

## (두 자리 수)÷(두 자리 수)

월 일
분 초
/15

나눗셈을 하세요.

❶ 12)36

❷ 17)68

❸ 23)65

❹ 27)81

❺ 33)92

❻ 35)72

❼ 76)83

❽ 16)54

❾ 24)96

❿ 14)79

⓫ 31)45

⓬ 72)99

⓭ 26)84

⓮ 19)92

⓯ 47)95

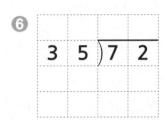

자기 점수에 ○표 하세요

| 맞힌 개수 | 8개 이하 | 9~11개 | 12~13개 | 14~15개 |
|---|---|---|---|---|
| 학습 방법 | 개념을 다시 공부하세요. | 조금 더 노력하세요. | 실수하면 안 돼요. | 참 잘했어요. |

# (두 자리 수)÷(두 자리 수)

월 일
분 초
/12

정답 34쪽

나눗셈을 하세요.

❶ 81÷15

❷ 24÷17

❸ 38÷13

❹ 50÷23

❺ 98÷14

❻ 76÷17

❼ 84÷23

❽ 68÷21

❾ 90÷15

❿ 57÷17

⓫ 78÷12

⓬ 93÷42

자기 점수에 ○표 하세요

| 맞힌 개수 | 6개 이하 | 7~8개 | 9~10개 | 11~12개 |
|---|---|---|---|---|
| 학습 방법 | 개념을 다시 공부하세요. | 조금 더 노력하세요. | 실수하면 안 돼요. | 참 잘했어요. |

# 2일차 A형 (두 자리 수)÷(두 자리 수)

월 일
분 초
/15

✎ 나눗셈을 하세요.

❶ $96 \div 12$

❷ $92 \div 23$

❸ $80 \div 39$

❹ $85 \div 14$

❺ $78 \div 13$

❻ $95 \div 19$

❼ $83 \div 26$

❽ $95 \div 21$

❾ $96 \div 36$

❿ $96 \div 48$

⓫ $75 \div 13$

⓬ $99 \div 43$

⓭ $84 \div 17$

⓮ $92 \div 29$

⓯ $98 \div 37$

자기 점수에 ○표 하세요

| 맞힌 개수 | 8개 이하 | 9~11개 | 12~13개 | 14~15개 |
|---|---|---|---|---|
| 학습 방법 | 개념을 다시 공부하세요. | 조금 더 노력하세요. | 실수하면 안 돼요. | 참 잘했어요. |

# (두 자리 수)÷(두 자리 수)

| 월 | 일 |
|---|---|
| 분 | 초 |
| | /12 |

정답 35쪽

나눗셈을 하세요.

❶ 73÷14

❷ 29÷11

❸ 39÷13

❹ 98÷23

❺ 83÷35

❻ 76÷24

❼ 54÷17

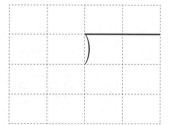

❽ 59÷21

❾ 80÷16

❿ 77÷21

⓫ 84÷12

⓬ 91÷28

자기 점수에 ○표 하세요

| 맞힌 개수 | 6개 이하 | 7~8개 | 9~10개 | 11~12개 |
|---|---|---|---|---|
| 학습 방법 | 개념을 다시 공부하세요. | 조금 더 노력 하세요. | 실수하면 안 돼요. | 참 잘했어요. |

# 3일차 A형

## (두 자리 수)÷(두 자리 수)

월 일
분 초
/15

나눗셈을 하세요.

❶ 13)42

❷ 36)78

❸ 41)83

❹ 26)78

❺ 19)98

❻ 23)41

❼ 27)88

❽ 32)78

❾ 43)96

❿ 13)79

⓫ 24)95

⓬ 82)98

⓭ 14)55

⓮ 26)97

⓯ 47)93

자기 점수에 ○표 하세요

| 맞힌 개수 | 8개 이하 | 9~11개 | 12~13개 | 14~15개 |
|---|---|---|---|---|
| 학습 방법 | 개념을 다시 공부하세요. | 조금 더 노력하세요. | 실수하면 안 돼요. | 참 잘했어요. |

# (두 자리 수)÷(두 자리 수)

월 일
분 초
/12

정답 36쪽

나눗셈을 하세요.

❶ 55÷13

❷ 35÷17

❸ 43÷21

❹ 59÷19

❺ 97÷17

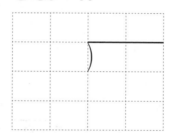

❻ 76÷16

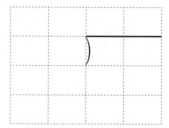

❼ 94÷32

❽ 58÷21

❾ 60÷15

❿ 67÷27

⓫ 88÷11

⓬ 95÷25

자기 점수에 ○표 하세요

| 맞힌 개수 | 6개 이하 | 7~8개 | 9~10개 | 11~12개 |
|---|---|---|---|---|
| 학습 방법 | 개념을 다시 공부하세요. | 조금 더 노력 하세요. | 실수하면 안 돼요. | 참 잘했어요. |

# 4일차 A형

## (두 자리 수)÷(두 자리 수)

월 일
분 초
/15

나눗셈을 하세요.

❶ $36\overline{)72}$

❷ $14\overline{)93}$

❸ $19\overline{)88}$

❹ $26\overline{)91}$

❺ $28\overline{)87}$

❻ $15\overline{)82}$

❼ $46\overline{)92}$

❽ $13\overline{)59}$

❾ $26\overline{)96}$

❿ $12\overline{)81}$

⓫ $31\overline{)60}$

⓬ $42\overline{)89}$

⓭ $33\overline{)77}$

⓮ $19\overline{)89}$

⓯ $32\overline{)68}$

자기 점수에 ○표 하세요

| 맞힌 개수 | 8개 이하 | 9~11개 | 12~13개 | 14~15개 |
|---|---|---|---|---|
| 학습 방법 | 개념을 다시 공부하세요. | 조금 더 노력하세요. | 실수하면 안 돼요. | 참 잘했어요. |

# (두 자리 수)÷(두 자리 수)

월 일
분 초
/12

정답 37쪽

나눗셈을 하세요.

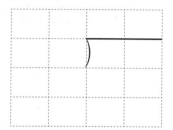

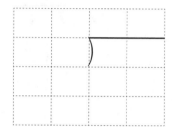

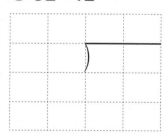

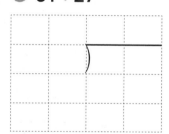

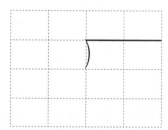

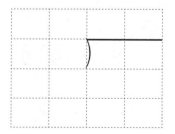

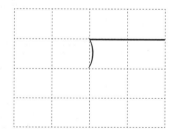

① 84÷33

② 70÷12

③ 66÷14

④ 92÷12

⑤ 61÷27

⑥ 76÷17

⑦ 94÷47

⑧ 98÷49

⑨ 82÷35

⑩ 58÷14

⑪ 78÷12

⑫ 57÷15

자기 점수에 ○표 하세요

| 맞힌 개수 | 6개 이하 | 7~8개 | 9~10개 | 11~12개 |
|---|---|---|---|---|
| 학습 방법 | 개념을 다시 공부하세요. | 조금 더 노력하세요. | 실수하면 안 돼요. | 참 잘했어요. |

# (두 자리 수)÷(두 자리 수)

월 일
분 초
/15

나눗셈을 하세요.

❶ $22\overline{)71}$

❷ $17\overline{)59}$

❸ $14\overline{)68}$

❹ $15\overline{)63}$

❺ $21\overline{)49}$

❻ $25\overline{)68}$

❼ $14\overline{)29}$

❽ $25\overline{)54}$

❾ $22\overline{)90}$

❿ $34\overline{)82}$

⓫ $12\overline{)47}$

⓬ $61\overline{)98}$

⓭ $48\overline{)96}$

⓮ $13\overline{)97}$

⓯ $57\overline{)95}$

자기 점수에 ○표 하세요

| 맞힌 개수 | 8개 이하 | 9~11개 | 12~13개 | 14~15개 |
|---|---|---|---|---|
| 학습 방법 | 개념을 다시 공부하세요. | 조금 더 노력하세요. | 실수하면 안 돼요. | 참 잘했어요. |

# (두 자리 수)÷(두 자리 수)

| 월 | 일 |
|---|---|
| 분 | 초 |
| | /12 |

정답 38쪽

나눗셈을 하세요.

❶ 74÷37

❷ 86÷32

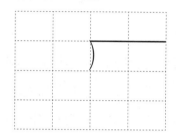

❸ 72÷28

❹ 62÷26

❺ 68÷17

❻ 66÷25

❼ 81÷14

❽ 92÷12

❾ 72÷18

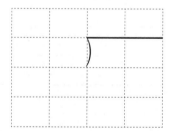

❿ 86÷43

⓫ 80÷21

⓬ 95÷44

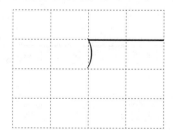

자기 점수에 ○표 하세요

| 맞힌 개수 | 6개 이하 | 7~8개 | 9~10개 | 11~12개 |
|---|---|---|---|---|
| 학습 방법 | 개념을 다시 공부하세요. | 조금 더 노력하세요. | 실수하면 안 돼요. | 참 잘했어요. |

# 068 단계 (세 자리 수)÷(두 자리 수) (1)

**◆스스로 학습 관리표◆**

- 매일 맞힌 개수를 적고, 걸린 시간만큼 색칠해 보세요.
(눈금 1칸은 1분이며, 초는 표의 상단에 적으세요.)
- 하루하루 지날수록 실력이 자라고, 계산 속도가 빨라지는 것을 눈으로 직접 확인할 수 있습니다.

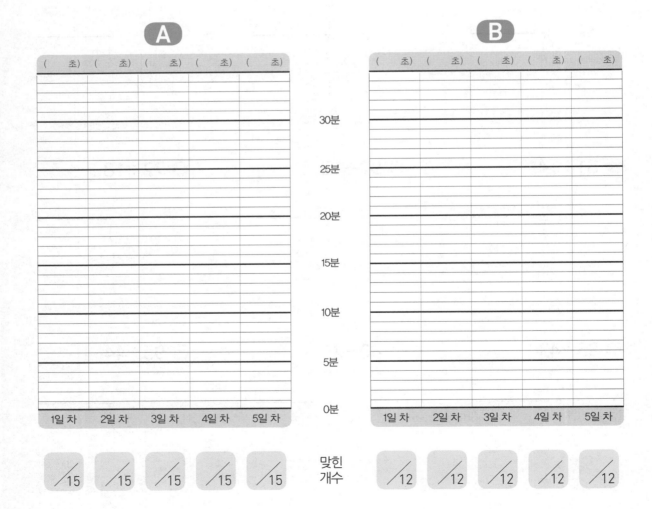

**A**

| ( 초) | ( 초) | ( 초) | ( 초) | ( 초) | |
|---|---|---|---|---|---|
| | | | | | 30분 |
| | | | | | 25분 |
| | | | | | 20분 |
| | | | | | 15분 |
| | | | | | 10분 |
| | | | | | 5분 |
| | | | | | 0분 |
| 1일 차 | 2일 차 | 3일 차 | 4일 차 | 5일 차 | |
| /15 | /15 | /15 | /15 | /15 | 맞힌 개수 |

**B**

| ( 초) | ( 초) | ( 초) | ( 초) | ( 초) |
|---|---|---|---|---|
| | | | | |
| 1일 차 | 2일 차 | 3일 차 | 4일 차 | 5일 차 |
| /12 | /12 | /12 | /12 | /12 |

**개념 포인트**

## 몫이 한 자리 수인 경우

나누는 수가 나누어지는 수 앞의 두 자리 수보다 크면 몫은 한 자리 수입니다.

이때 나머지가 나누는 수와 같거나 크면 몫을 1 크게 합니다. 만약 나누어지는 수에서 나누는 수와 몫을 곱한 수를 뺄 수 없으면 몫을 1 작게 합니다.

| | | | | |
|---|---|---|---|---|
| | | | | 8 |
| 7 | 2 | )6 | 0 | 0 |
| | | 5 | 7 | 6 |
| | | | 2 | 4 |

← 60에 72가 들어갈 수 없습니다. 72 > 60이므로 몫은 한 자리 수

**예시**

세로셈

| | | | | |
|---|---|---|---|---|
| | | | | 8 |
| 7 | 2 | )6 | 0 | 0 |
| | | 5 | 7 | 6 |
| | | | 2 | 4 |

가로셈

795÷82

| | | | | |
|---|---|---|---|---|
| | | | | 9 |
| 8 | 2 | )7 | 9 | 5 |
| | | 7 | 3 | 8 |
| | | | 5 | 7 |

지도 도우미

나누는 수가 두 자리 수 이상이면 몫을 어림하기가 쉽지 않습니다. 나누어지는 수를 앞에서부터 나누는 수의 자리 수만큼 살펴보면서 몫이 몇인지, 나머지가 몇이 되는지 차근차근 따져 보는 것이 중요합니다. 그리고 나머지는 나누는 수보다 작아야 한다는 것을 다시 한 번 강조해 주세요.

# 1일차 A형

# (세 자리 수)÷(두 자리 수) (1)

월 일
분 초
/15

앞의 두 자리 수보다
나누는 수가 크면 몫은
한 자리 수!


나눗셈을 하세요.

❶ 62 ) 358

❷ 46 ) 322

❸ 46 ) 400

❹ 99 ) 983

❺ 93 ) 825

❻ 64 ) 512

❼ 72 ) 576

❽ 99 ) 976

❾ 87 ) 554

❿ 56 ) 448

⓫ 91 ) 629

⓬ 80 ) 720

⓭ 86 ) 616

⓮ 51 ) 204

⓯ 75 ) 492

자기 점수에 ○표 하세요

| 맞힌 개수 | 8개 이하 | 9~11개 | 12~13개 | 14~15개 |
|---|---|---|---|---|
| 학습 방법 | 개념을 다시 공부하세요. | 조금 더 노력하세요. | 실수하면 안 돼요. | 참 잘했어요. |

# (세 자리 수)÷(두 자리 수) (1)

월 일
분 초
/12

정답 39쪽

나눗셈을 하세요.

① 263÷37

② 112÷28

③ 557÷59

④ 470÷94

⑤ 692÷95

⑥ 428÷84

⑦ 522÷58

⑧ 947÷98

⑨ 432÷77

⑩ 507÷73

⑪ 856÷95

⑫ 712÷89

자기 점수에 ○표 하세요

| 맞힌 개수 | 6개 이하 | 7~8개 | 9~10개 | 11~12개 |
|---|---|---|---|---|
| 학습 방법 | 개념을 다시 공부하세요. | 조금 더 노력 하세요. | 실수하면 안 돼요. | 참 잘했어요. |

# 2일차 A형 (세 자리 수)÷(두 자리 수) (1)

월 일
분 초
/15

✎ 나눗셈을 하세요.

❶ $256 \div 49$ (49)256)

❷ $184 \div 23$ (23)184)

❸ $268 \div 53$ (53)268)

❹ $518 \div 64$ (64)518)

❺ $216 \div 36$ (36)216)

❻ $183 \div 71$ (71)183)

❼ $554 \div 85$ (85)554)

❽ $276 \div 33$ (33)276)

❾ $343 \div 49$ (49)343)

❿ $125 \div 25$ (25)125)

⓫ $252 \div 36$ (36)252)

⓬ $487 \div 97$ (97)487)

⓭ $720 \div 84$ (84)720)

⓮ $511 \div 82$ (82)511)

⓯ $137 \div 55$ (55)137)

자기 점수에 ○표 하세요

| 맞힌 개수 | 8개 이하 | 9~11개 | 12~13개 | 14~15개 |
|---|---|---|---|---|
| 학습 방법 | 개념을 다시 공부하세요. | 조금 더 노력하세요. | 실수하면 안 돼요. | 참 잘했어요. |

# (세 자리 수)÷(두 자리 수) (1)

월 일
분 초
/12

정답 40쪽

나눗셈을 하세요.

❶ 108÷18

❷ 263÷52

❸ 458÷78

❹ 342÷64

❺ 104÷45

❻ 210÷35

❼ 703÷96

❽ 462÷77

❾ 319÷87

❿ 460÷71

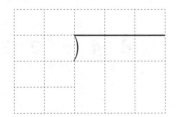

⓫ 613÷82

⓬ 176÷44

자기 점수에 ○표 하세요

| 맞힌 개수 | 6개 이하 | 7~8개 | 9~10개 | 11~12개 |
|---|---|---|---|---|
| 학습 방법 | 개념을 다시 공부하세요. | 조금 더 노력하세요. | 실수하면 안 돼요. | 참 잘했어요. |

# 3일차 A형

## (세 자리 수)÷(두 자리 수) (1)

월 일
분 초
/15

나눗셈을 하세요.

❶ $86\overline{)738}$

❷ $43\overline{)358}$

❸ $22\overline{)198}$

❹ $64\overline{)425}$

❺ $32\overline{)192}$

❻ $75\overline{)683}$

❼ $73\overline{)438}$

❽ $23\overline{)176}$

❾ $85\overline{)554}$

❿ $64\overline{)367}$

⓫ $18\overline{)109}$

⓬ $72\overline{)432}$

⓭ $42\overline{)300}$

⓮ $65\overline{)297}$

⓯ $84\overline{)508}$

자기 점수에 ○표 하세요

| 맞힌 개수 | 8개 이하 | 9~11개 | 12~13개 | 14~15개 |
|---|---|---|---|---|
| 학습 방법 | 개념을 다시 공부하세요. | 조금 더 노력 하세요. | 실수하면 안 돼요. | 참 잘했어요. |

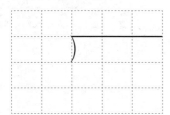

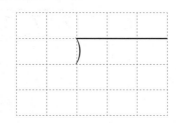

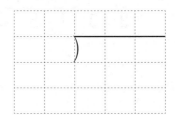

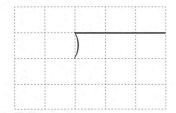

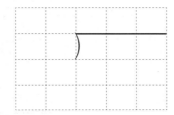

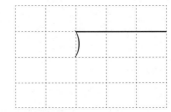

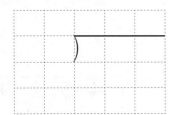

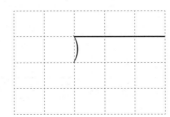

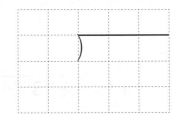

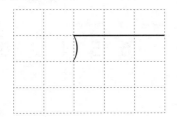

# (세 자리 수)÷(두 자리 수) (1)

월 일
분 초
/12

정답 41쪽

나눗셈을 하세요.

❶ 532÷98

❷ 237÷47

❸ 147÷21

❹ 115÷36

❺ 399÷45

❻ 137÷14

❼ 324÷56

❽ 135÷27

❾ 270÷32

❿ 485÷72

⓫ 388÷70

⓬ 196÷83

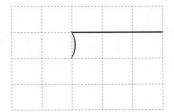

자기 점수에 ○표 하세요

| 맞힌 개수 | 6개 이하 | 7~8개 | 9~10개 | 11~12개 |
|---|---|---|---|---|
| 학습 방법 | 개념을 다시 공부하세요. | 조금 더 노력하세요. | 실수하면 안 돼요. | 참 잘했어요. |

# (세 자리 수)÷(두 자리 수) (1)

| 월 | 일 |
|---|---|
| 분 | 초 |
| | /15 |

나눗셈을 하세요.

① $23\overline{)154}$

② $67\overline{)271}$

③ $92\overline{)500}$

④ $37\overline{)212}$

⑤ $56\overline{)234}$

⑥ $63\overline{)423}$

⑦ $85\overline{)637}$

⑧ $46\overline{)376}$

⑨ $13\overline{)104}$

⑩ $49\overline{)434}$

⑪ $36\overline{)220}$

⑫ $54\overline{)529}$

⑬ $31\overline{)175}$

⑭ $43\overline{)377}$

⑮ $65\overline{)430}$

자기 점수에 ○표 하세요

| 맞힌 개수 | 8개 이하 | 9~11개 | 12~13개 | 14~15개 |
|---|---|---|---|---|
| 학습 방법 | 개념을 다시 공부하세요. | 조금 더 노력하세요. | 실수하면 안 돼요. | 참 잘했어요. |

# (세 자리 수)÷(두 자리 수) (1)

| | |
|---|---|
| 월 | 일 |
| 분 | 초 |
| | /12 |

정답 42쪽

나눗셈을 하세요.

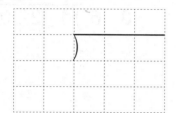

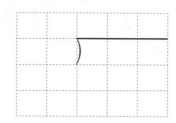

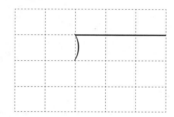

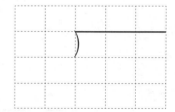

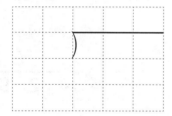

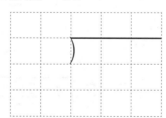

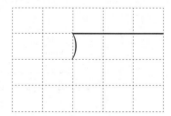

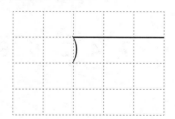

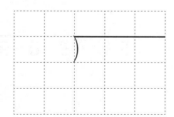

❶ 468÷78

❷ 194÷23

❸ 457÷79

❹ 376÷87

❺ 799÷95

❻ 428÷61

❼ 419÷68

❽ 543÷65

❾ 632÷84

❿ 294÷63

⓫ 598÷87

⓬ 490÷73

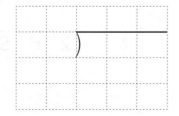

자기 점수에 ○표 하세요

| 맞힌 개수 | 6개 이하 | 7~8개 | 9~10개 | 11~12개 |
|---|---|---|---|---|
| 학습 방법 | 개념을 다시 공부하세요. | 조금 더 노력하세요. | 실수하면 안 돼요. | 참 잘했어요. |

# (세 자리 수)÷(두 자리 수) (1)

월 일
분 초
/15

나눗셈을 하세요.

❶ $32\overline{)288}$

❷ $39\overline{)358}$

❸ $86\overline{)420}$

❹ $54\overline{)512}$

❺ $91\overline{)825}$

❻ $73\overline{)583}$

❼ $62\overline{)600}$

❽ $48\overline{)376}$

❾ $85\overline{)554}$

❿ $46\overline{)434}$

⓫ $78\overline{)320}$

⓬ $54\overline{)429}$

⓭ $43\overline{)268}$

⓮ $51\overline{)309}$

⓯ $74\overline{)258}$

자기 점수에 ○표 하세요

| 맞힌 개수 | 8개 이하 | 9~11개 | 12~13개 | 14~15개 |
|---|---|---|---|---|
| 학습 방법 | 개념을 다시 공부하세요. | 조금 더 노력하세요. | 실수하면 안 돼요. | 참 잘했어요. |

# (세 자리 수)÷(두 자리 수) (1)

월 일
분 초
/12

정답 43쪽

나눗셈을 하세요.

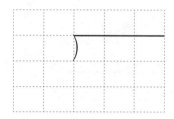

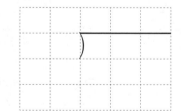

❶ 114÷27

❷ 163÷35

❸ 457÷49

❹ 270÷52

❺ 592÷85

❻ 328÷44

❼ 623÷98

❽ 844÷96

❾ 332÷67

❿ 601÷86

⓫ 452÷69

⓬ 247÷53

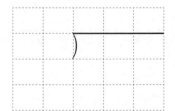

자기 점수에 ○표 하세요

| 맞힌 개수 | 6개 이하 | 7~8개 | 9~10개 | 11~12개 |
|---|---|---|---|---|
| 학습 방법 | 개념을 다시 공부하세요. | 조금 더 노력하세요. | 실수하면 안 돼요. | 참 잘했어요. |

**069 단계**

# (세 자리 수)÷(두 자리 수) (2)

**◆스스로 학습 관리표◆**

- 매일 맞힌 개수를 적고, 걸린 시간만큼 색칠해 보세요. (눈금 1칸은 1분이며, 초는 표의 상단에 적으세요.)
- 하루하루 지날수록 실력이 자라고, 계산 속도가 빨라지는 것을 눈으로 직접 확인할 수 있습니다.

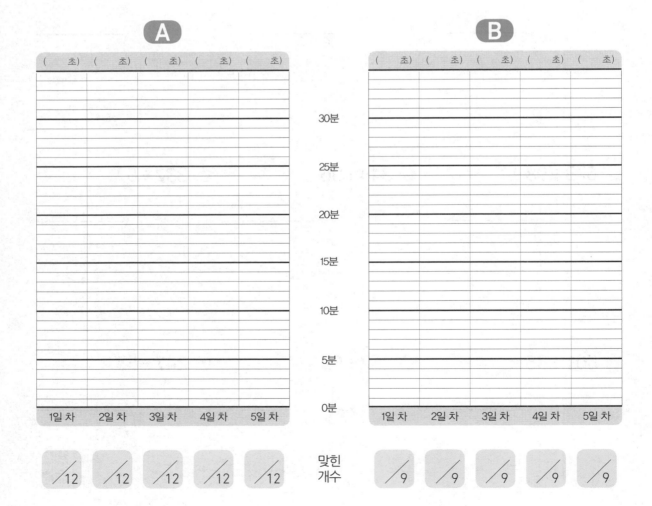

**A**

| ( 초) | ( 초) | ( 초) | ( 초) | ( 초) |
|---|---|---|---|---|
| 1일 차 | 2일 차 | 3일 차 | 4일 차 | 5일 차 |
| /12 | /12 | /12 | /12 | /12 |

30분 25분 20분 15분 10분 5분 0분

맞힌 개수

**B**

| ( 초) | ( 초) | ( 초) | ( 초) | ( 초) |
|---|---|---|---|---|
| 1일 차 | 2일 차 | 3일 차 | 4일 차 | 5일 차 |
| /9 | /9 | /9 | /9 | /9 |

## ◆개념 포인트◆

### (세 자리 수)÷(두 자리 수)의 계산

나누는 수가 나누어지는 수 앞의 두 자리보다 작거나 같으면 몫은 두 자리 수입니다.

①

| | | | | |
|---|---|---|---|---|
| | | | | |
| 2 | 4 | )2 | 7 | 9 |
| | | | | |

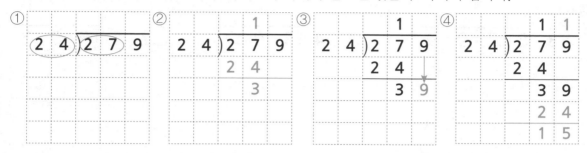

앞의 두 자리 수인 27에 24가 몇 번 들어가는지 알아봅니다.

②

| | | | | |
|---|---|---|---|---|
| | | | 1 | |
| 2 | 4 | )2 | 7 | 9 |
| | | 2 | 4 | |
| | | | 3 | |

27에 24가 1번 들어가므로 몫의 자리에 1을 쓰고 계산합니다.

③

| | | | | |
|---|---|---|---|---|
| | | | 1 | |
| 2 | 4 | )2 | 7 | 9 |
| | | 2 | 4 | ↓ |
| | | | 3 | 9 |

279에서 일의 자리 수인 9를 그대로 내려씁니다.

④

| | | | | |
|---|---|---|---|---|
| | | | 1 | 1 |
| 2 | 4 | )2 | 7 | 9 |
| | | 2 | 4 | |
| | | | 3 | 9 |
| | | | 2 | 4 |
| | | | 1 | 5 |

39에 24가 1번 들어가므로 몫의 자리에 1을 쓰고 계산합니다.

나누는 수가 두 자리 수인 경우 나누어지는 수를 앞의 두 자리씩 끊어서 몇 번 들어갈 수 있는지 알아보고 자리를 맞추어 몫을 쓰면 됩니다.

**예시**

세로셈

| | | | | |
|---|---|---|---|---|
| | | | 1 | 3 |
| 3 | 2 | )4 | 3 | 6 |
| | | 3 | 2 | |
| | | 1 | 1 | 6 |
| | | | 9 | 6 |
| | | | 2 | 0 |

가로셈

809÷73

| | | | | |
|---|---|---|---|---|
| | | | 1 | 1 |
| 7 | 3 | )8 | 0 | 9 |
| | | 7 | 3 | |
| | | | 7 | 9 |
| | | | 7 | 3 |
| | | | | 6 |

지도 도우미

나눗셈에서는 몫을 자릿값에 맞게 정확히 쓰는 것이 중요합니다. 자릿값의 개념이 약한 아이들은 몫의 어림은 잘하지만 몫의 자리를 찾지 못해서 나눗셈의 몫을 잘못 구하는 경우가 많습니다. 앞의 068단계의 개념 포인트와 비교하여 설명해 주세요.

# 1일차 A형

## (세 자리 수)÷(두 자리 수) (2)

월 일
분 초
/12

✎ 나눗셈을 하세요.

❶ 38)799

❷ 14)597

❸ 21)895

❹ 39)958

❺ 42)794

❻ 16)607

❼ 58)713

❽ 65)892

❾ 32)999

❿ 23)548

⓫ 12)900

⓬ 41)584

자기 점수에 ○표 하세요

| 맞힌 개수 | 6개 이하 | 7~8개 | 9~10개 | 11~12개 |
|---|---|---|---|---|
| 학습 방법 | 개념을 다시 공부하세요. | 조금 더 노력 하세요. | 실수하면 안 돼요. | 참 잘했어요. |

1일차 B형

# (세 자리 수)÷(두 자리 수) (2)

월 일
분 초
/9

나누어지는 수를
앞에서부터 두 자리씩
끊어서 생각해!


정답 44쪽

나눗셈을 하세요.

❶ $465 \div 28$

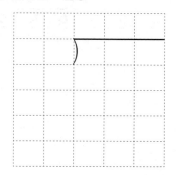

❷ $730 \div 14$

❸ $508 \div 28$

❹ $870 \div 62$

❺ $990 \div 34$

❻ $638 \div 12$

❼ $884 \div 52$

❽ $915 \div 38$

❾ $684 \div 29$

자기 점수에 ○표 하세요

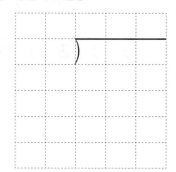

| 맞힌 개수 | 4개 이하 | 5~6개 | 7~8개 | 9개 |
|---|---|---|---|---|
| 학습 방법 | 개념을 다시 공부하세요. | 조금 더 노력 하세요. | 실수하면 안 돼요. | 참 잘했어요. |

2일차 A형

# (세 자리 수)÷(두 자리 수) (2)

월 일
분 초
/12

✎ 나눗셈을 하세요.

❶ $27\overline{)959}$

❷ $42\overline{)954}$

❸ $34\overline{)585}$

❹ $18\overline{)784}$

❺ $24\overline{)368}$

❻ $12\overline{)148}$

❼ $27\overline{)404}$

❽ $16\overline{)858}$

❾ $26\overline{)661}$

❿ $21\overline{)239}$

⓫ $31\overline{)993}$

⓬ $25\overline{)494}$

자기 점수에 ○표 하세요

| 맞힌 개수 | 6개 이하 | 7~8개 | 9~10개 | 11~12개 |
|---|---|---|---|---|
| 학습 방법 | 개념을 다시 공부하세요. | 조금 더 노력하세요. | 실수하면 안 돼요. | 참 잘했어요. |

# (세 자리 수)÷(두 자리 수) (2)

월 일
분 초
/9

정답 45쪽

나눗셈을 하세요.

❶ 894÷61

❷ 638÷26

❸ 957÷59

❹ 573÷42

❺ 710÷25

❻ 955÷48

❼ 985÷83

❽ 703÷57

❾ 557÷16

자기 점수에 ○표 하세요

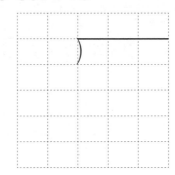

| 맞힌 개수 | 4개 이하 | 5~6개 | 7~8개 | 9개 |
|---|---|---|---|---|
| 학습 방법 | 개념을 다시 공부하세요. | 조금 더 노력하세요. | 실수하면 안 돼요. | 참 잘했어요. |

# (세 자리 수)÷(두 자리 수) (2)

월 일
분 초
/12

나눗셈을 하세요.

❶ $32\overline{)558}$

❷ $22\overline{)629}$

❸ $47\overline{)887}$

❹ $27\overline{)439}$

❺ $25\overline{)352}$

❻ $32\overline{)612}$

❼ $37\overline{)760}$

❽ $39\overline{)826}$

❾ $83\overline{)975}$

❿ $24\overline{)799}$

⓫ $16\overline{)715}$

⓬ $62\overline{)807}$

자기 점수에 ○표 하세요

| 맞힌 개수 | 6개 이하 | 7~8개 | 9~10개 | 11~12개 |
|---|---|---|---|---|
| 학습 방법 | 개념을 다시 공부하세요. | 조금 더 노력하세요. | 실수하면 안 돼요. | 참 잘했어요. |

# (세 자리 수)÷(두 자리 수) (2)

| 월 | 일 |
|---|---|
| 분 | 초 |
| | /9 |

정답 46쪽

✎ 나눗셈을 하세요.

❶ 919÷27

❷ 755÷33

❸ 996÷63

❹ 614÷35

❺ 771÷53

❻ 609÷28

❼ 998÷42

❽ 880÷28

❾ 563÷44

자기 점수에 ○표 하세요

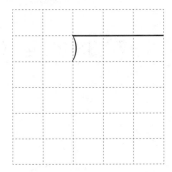

| 맞힌 개수 | 4개 이하 | 5~6개 | 7~8개 | 9개 |
|---|---|---|---|---|
| 학습 방법 | 개념을 다시 공부하세요. | 조금 더 노력 하세요. | 실수하면 안 돼요. | 참 잘했어요. |

# 4일차 A형

## (세 자리 수)÷(두 자리 수) (2)

월 일
분 초
/12

✎ 나눗셈을 하세요.

① 27)690

② 47)551

③ 27)913

④ 29)487

⑤ 44)863

⑥ 28)909

⑦ 13)810

⑧ 33)762

⑨ 41)524

⑩ 73)840

⑪ 35)603

⑫ 34)749

자기 점수에 ○표 하세요

| 맞힌 개수 | 6개 이하 | 7~8개 | 9~10개 | 11~12개 |
|---|---|---|---|---|
| 학습 방법 | 개념을 다시 공부하세요. | 조금 더 노력 하세요. | 실수하면 안 돼요. | 참 잘했어요. |

# (세 자리 수)÷(두 자리 수) (2)

월 일
분 초
/9

정답 47쪽

나눗셈을 하세요.

① 965÷79

② 867÷39

③ 847÷47

④ 471÷28

⑤ 643÷18

⑥ 512÷37

⑦ 893÷35

⑧ 940÷24

⑨ 515÷36

자기 점수에 ○표 하세요

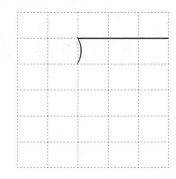

| 맞힌 개수 | 4개 이하 | 5~6개 | 7~8개 | 9개 |
|---|---|---|---|---|
| 학습 방법 | 개념을 다시 공부하세요. | 조금 더 노력 하세요. | 실수하면 안 돼요. | 참 잘했어요. |

# (세 자리 수)÷(두 자리 수) (2)

월 일
분 초
/12

나눗셈을 하세요.

① $27\overline{)960}$

② $36\overline{)954}$

③ $29\overline{)481}$

④ $33\overline{)910}$

⑤ $31\overline{)447}$

⑥ $41\overline{)852}$

⑦ $23\overline{)557}$

⑧ $61\overline{)839}$

⑨ $26\overline{)868}$

⑩ $21\overline{)622}$

⑪ $41\overline{)784}$

⑫ $56\overline{)962}$

자기 점수에 ○표 하세요

| 맞힌 개수 | 6개 이하 | 7~8개 | 9~10개 | 11~12개 |
|---|---|---|---|---|
| 학습 방법 | 개념을 다시 공부하세요. | 조금 더 노력하세요. | 실수하면 안 돼요. | 참 잘했어요. |

# (세 자리 수)÷(두 자리 수) (2)

| 월 | 일 |
|---|---|
| 분 | 초 |
| | /9 |

정답 48쪽

나눗셈을 하세요.

❶ 943÷25

❷ 840÷38

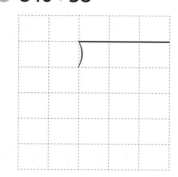

❸ 968÷39

❹ 629÷33

❺ 580÷41

❻ 929÷67

❼ 875÷31

❽ 934÷15

❾ 932÷39

자기 점수에 ○표 하세요

| 맞힌 개수 | 4개 이하 | 5~6개 | 7~8개 | 9개 |
|---|---|---|---|---|
| 학습 방법 | 개념을 다시 공부하세요. | 조금 더 노력 하세요. | 실수하면 안 돼요. | 참 잘했어요. |

## 세 단계 묶어 풀기 067 ~ 069단계
## (두/세 자리 수)÷(두 자리 수)

월 일
분 초
/12

정답 49쪽

나눗셈을 하세요.

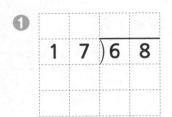

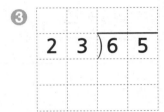

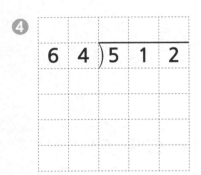

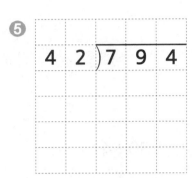

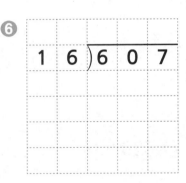

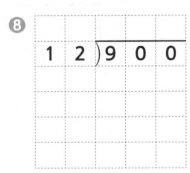

❶ 17)68

❷ 31)96

❸ 23)65

❹ 64)512

❺ 42)794

❻ 16)607

❼ 23)548

❽ 12)900

❾ 41)584

❿ 884÷52

⓫ 915÷38

⓬ 478÷29

## 창의력 쑥쑥! 수학 퀴즈

6을 어떤 수로 나누려고 합니다.
나머지 없이 나누어떨어지게 하는
수는 몇 개일까요?

$6 \div 1 = 6$

$6 \div 2 = 3$

$6 \div 3 = 2$

$6 \div 6 = 1$

1, 2, 3, 6. 이렇게 4개의 수가 6을 나머지 없이 나눕니다.
그럼, 5개의 수로 나누어지는 가장 작은 수는 무엇일까요?

**답** 혹시 1부터 5까지 곱한 120이라고 대답한 친구가 있나요?
120은 1, 2, 3, 4, 5로도 나누어떨어질 뿐만 아니라 6, 8, 10, 12, 15, 20, 24, 30, 40, 60, 120으로도 나누어떨어집니다. 총 16개의 수로 나누어떨어지지요.

우리가 찾는 수는 생각보다 작습니다. 20보다도 작아요.
2를 4번 곱한 수, $2\times2\times2\times2=16$은 1, 2, 4, 8, 16으로 나누어떨어집니다.
16이 바로 5개의 수로 나누어떨어지는 가장 작은 수입니다.

# 070 단계 곱셈과 나눗셈 종합

**◆스스로 학습 관리표◆**

- 매일 맞힌 개수를 적고, 걸린 시간만큼 색칠해 보세요.
(눈금 1칸은 1분이며, 초는 표의 상단에 적으세요.)
- 하루하루 지날수록 실력이 자라고, 계산 속도가 빨라지는 것을 눈으로 직접 확인할 수 있습니다.

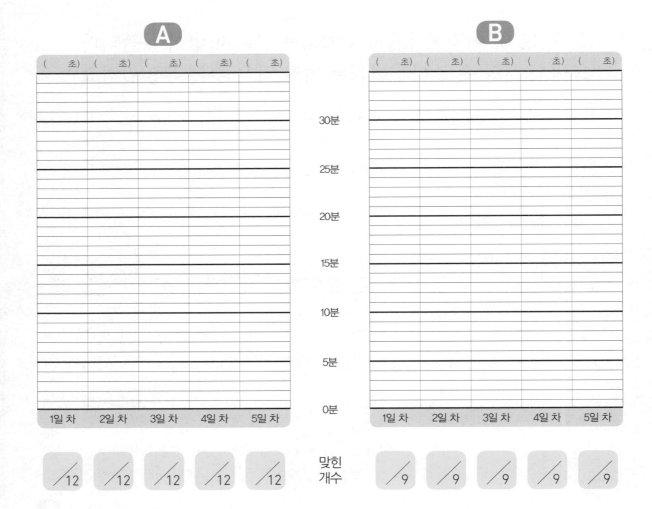

**A**

| ( 초) | ( 초) | ( 초) | ( 초) | ( 초) | |
|---|---|---|---|---|---|
| | | | | | 30분 |
| | | | | | 25분 |
| | | | | | 20분 |
| | | | | | 15분 |
| | | | | | 10분 |
| | | | | | 5분 |
| | | | | | 0분 |
| 1일 차 | 2일 차 | 3일 차 | 4일 차 | 5일 차 | |
| /12 | /12 | /12 | /12 | /12 | 맞힌 개수 |

**B**

| ( 초) | ( 초) | ( 초) | ( 초) | ( 초) |
|---|---|---|---|---|
| | | | | |
| 1일 차 | 2일 차 | 3일 차 | 4일 차 | 5일 차 |
| /9 | /9 | /9 | /9 | /9 |

## 개념 포인트

### (두/세 자리 수)×(두 자리 수)

두 자리 수, 세 자리 수, 네 자리 수, ……, 아무리 수가 늘어나도 두 자리 수를 곱하는 계산은 모두 같은 원리입니다. 곱하는 수를 일의 자리 수와 십의 자리 수로 나누어 각각 곱해지는 수에 곱한 다음 더해 주면 됩니다.

### 나눗셈의 몫 구하기

나누는 수의 자릿수에 따라 나누어지는 수를 왼쪽 자리부터 끊어서 몇 번 들어가는지 알아봅니다.

**예시**

| | | | | | |
|---|---|---|---|---|---|
| | | 3 | 6 | 5 | |
| × | | | 4 | 2 | |
| | | 7 | 3 | 0 | ← 365×2 |
| 1 | 4 | 6 | 0 | | ← 365×40 |
| 1 | 5 | 3 | 3 | 0 | |

| | | | | |
|---|---|---|---|---|
| | | | 2 | 1 |
| 2 | 4 | )5 | 1 | 2 |
| | | 4 | 8 | |
| | | | 3 | 2 |
| | | | 2 | 4 |
| | | | | 8 |

지도 도우미

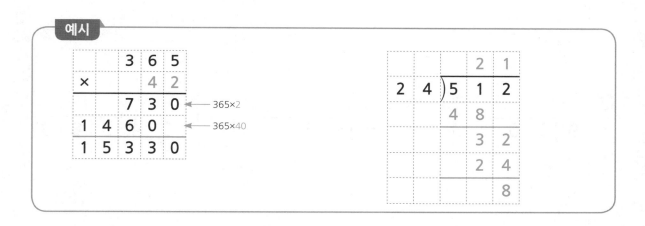

자연수의 곱셈은 곱하는 수의 일의 자리 수, 십의 자리 수에 곱한 값을 자릿수에 맞추어 더하면 된다는 것을 이해시켜 주세요. 또 나눗셈은 '나누는 수가 나누어지는 수에 몇 번 들어 있는지' 찾아가는 것이 나눗셈의 원리라는 것을 알려 주세요. 이 원리를 이해하고 충분히 익숙해지도록 지도해 주세요.

# 1일차 A형 곱셈과 나눗셈 종합

| | |
|---|---|
| 월 | 일 |
| 분 | 초 |
| | /12 |

일의 자리 수와
곱한 것은 일의 자리부터
써 줘!


✎ 곱셈과 나눗셈을 하세요.

❶ $24 \times 97$

❷ $61 \times 38$

❸ $217 \times 40$

❹ $165 \times 43$

❺ $258 \times 41$

❻ $593 \times 17$

❼ $9\overline{)356}$

❽ $6\overline{)452}$

❾ $24\overline{)389}$

❿ $61\overline{)343}$

⓫ $18\overline{)603}$

⓬ $76\overline{)875}$

자기 점수에 ○표 하세요

| 맞힌 개수 | 6개 이하 | 7~8개 | 9~10개 | 11~12개 |
|---|---|---|---|---|
| 학습 방법 | 개념을 다시 공부하세요. | 조금 더 노력 하세요. | 실수하면 안 돼요. | 참 잘했어요. |

1일차 B형

# 곱셈과 나눗셈 종합

월 일
분 초
/9

정답 50쪽

곱셈과 나눗셈을 하세요.

❶ 13×43

❷ 32×25

❸ 455×30

❹ 585×65

❺ 891×62

❻ 654÷8

❼ 370÷9

❽ 798÷62

❾ 901÷45

자기 점수에 ○표 하세요

| 맞힌 개수 | 4개 이하 | 5~6개 | 7~8개 | 9개 |
|---|---|---|---|---|
| 학습 방법 | 개념을 다시 공부하세요. | 조금 더 노력하세요. | 실수하면 안 돼요. | 참 잘했어요. |

2일차 A형

# 곱셈과 나눗셈 종합

월 일
분 초
/12

곱셈과 나눗셈을 하세요.

❶ $84 \times 45$

❷ $72 \times 27$

❸ $773 \times 40$

❹ $275 \times 13$

❺ $438 \times 57$

❻ $791 \times 36$

❼ $9 \overline{)827}$

❽ $4 \overline{)256}$

❾ $35 \overline{)527}$

❿ $42 \overline{)924}$

⓫ $24 \overline{)389}$

⓬ $17 \overline{)543}$

자기 점수에 ○표 하세요

| 맞힌 개수 | 6개 이하 | 7~8개 | 9~10개 | 11~12개 |
|---|---|---|---|---|
| 학습 방법 | 개념을 다시 공부하세요. | 조금 더 노력 하세요. | 실수하면 안 돼요. | 참 잘했어요. |

# 곱셈과 나눗셈 종합

| | |
|---|---|
| 월 | 일 |
| 분 | 초 |
| | /9 |

정답 51쪽

곱셈과 나눗셈을 하세요.

❶ 59×63

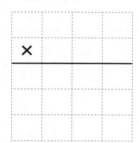

❷ 43×21

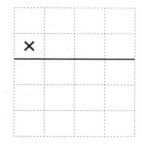

❸ 961×70

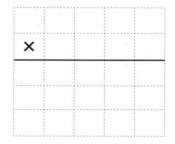

❹ 756×28

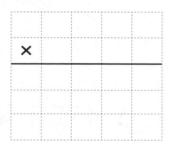

❺ 624×73

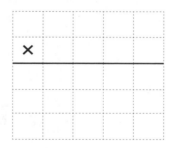

❻ 508÷7

❼ 284÷9

❽ 479÷14

❾ 935÷39

자기 점수에 ○표 하세요

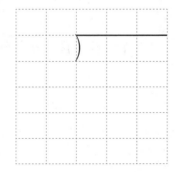

| 맞힌 개수 | 4개 이하 | 5~6개 | 7~8개 | 9개 |
|---|---|---|---|---|
| 학습 방법 | 개념을 다시 공부하세요. | 조금 더 노력하세요. | 실수하면 안 돼요. | 참 잘했어요. |

# 3일차 A형 곱셈과 나눗셈 종합

월 일
분 초
/12

✎ 곱셈과 나눗셈을 하세요.

❶ $44 \times 36$

❷ $24 \times 17$

❸ $629 \times 50$

❹ $537 \times 29$

❺ $492 \times 65$

❻ $298 \times 74$

❼ $9\overline{)532}$

❽ $23\overline{)428}$

❾ $39\overline{)514}$

❿ $16\overline{)848}$

⓫ $45\overline{)559}$

⓬ $54\overline{)389}$

자기 점수에 ○표 하세요

| 맞힌 개수 | 6개 이하 | 7~8개 | 9~10개 | 11~12개 |
|---|---|---|---|---|
| 학습 방법 | 개념을 다시 공부하세요. | 조금 더 노력하세요. | 실수하면 안 돼요. | 참 잘했어요. |

# 곱셈과 나눗셈 종합

| 월 일 |
| --- |
| 분 초 |
| /9 |

정답 52쪽

곱셈과 나눗셈을 하세요.

❶ 63×38

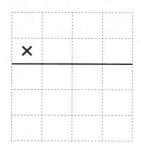

❷ 31×39

❸ 871×50

❹ 703×73

❺ 559×32

❻ 546÷7

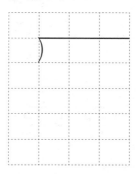

❼ 984÷23

❽ 555÷19

❾ 355÷27

자기 점수에 ○표 하세요

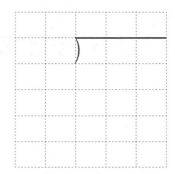

| 맞힌 개수 | 4개 이하 | 5~6개 | 7~8개 | 9개 |
| --- | --- | --- | --- | --- |
| 학습 방법 | 개념을 다시 공부하세요. | 조금 더 노력하세요. | 실수하면 안 돼요. | 참 잘했어요. |

4일차 A형

# 곱셈과 나눗셈 종합

| | |
|---|---|
| 월 | 일 |
| 분 | 초 |
| | /12 |

곱셈과 나눗셈을 하세요.

❶ $68 \times 42$

❷ $14 \times 17$

❸ $732 \times 80$

❹ $577 \times 63$

❺ $628 \times 49$

❻ $935 \times 39$

❼ $7\overline{)393}$

❽ $12\overline{)924}$

❾ $13\overline{)543}$

❿ $31\overline{)389}$

⓫ $12\overline{)329}$

⓬ $47\overline{)925}$

자기 점수에 ○표 하세요

| 맞힌 개수 | 6개 이하 | 7~8개 | 9~10개 | 11~12개 |
|---|---|---|---|---|
| 학습 방법 | 개념을 다시 공부하세요. | 조금 더 노력하세요. | 실수하면 안 돼요. | 참 잘했어요. |

# 곱셈과 나눗셈 종합

| | |
|---|---|
| 월 | 일 |
| 분 | 초 |
| | /9 |

정답 53쪽

곱셈과 나눗셈을 하세요.

❶ 46×96

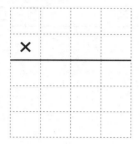

❷ 32×69

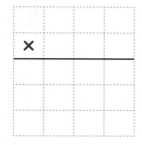

❸ 683×80

❹ 559×32

❺ 473×28

❻ 374÷7

❼ 901÷35

❽ 621÷14

❾ 863÷37

자기 점수에 ○표 하세요

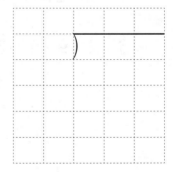

| 맞힌 개수 | 4개 이하 | 5~6개 | 7~8개 | 9개 |
|---|---|---|---|---|
| 학습 방법 | 개념을 다시 공부하세요. | 조금 더 노력 하세요. | 실수하면 안 돼요. | 참 잘했어요. |

5일차 A형

# 곱셈과 나눗셈 종합

월 일
분 초
/12

곱셈과 나눗셈을 하세요.

❶ $36 \times 42$

❷ $23 \times 96$

❸ $820 \times 50$

❹ $265 \times 42$

❺ $384 \times 43$

❻ $893 \times 39$

❼ $343 \div 5$

❽ $443 \div 51$

❾ $831 \div 25$

❿ $917 \div 32$

⓫ $438 \div 17$

⓬ $843 \div 29$

자기 점수에 ○표 하세요

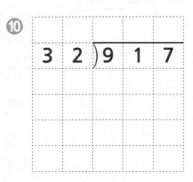

| 맞힌 개수 | 6개 이하 | 7~8개 | 9~10개 | 11~12개 |
|---|---|---|---|---|
| 학습 방법 | 개념을 다시 공부하세요. | 조금 더 노력하세요. | 실수하면 안 돼요. | 참 잘했어요. |

# 곱셈과 나눗셈 종합

| | |
|---|---|
| 월 | 일 |
| 분 | 초 |
| | /9 |

정답 54쪽

곱셈과 나눗셈을 하세요.

❶ 36×84

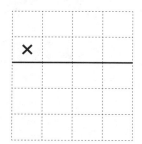

❷ 64×69

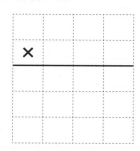

❸ 729×40

❹ 277×59

❺ 349×89

❻ 323÷7

❼ 627÷23

❽ 392÷18

❾ 888÷39

자기 점수에 ○표 하세요

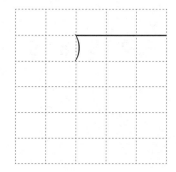

| 맞힌 개수 | 4개 이하 | 5~6개 | 7~8개 | 9개 |
|---|---|---|---|---|
| 학습 방법 | 개념을 다시 공부하세요. | 조금 더 노력 하세요. | 실수하면 안 돼요. | 참 잘했어요. |

# 전체 묶어 풀기 061~070단계
## 자연수의 곱셈과 나눗셈 심화

월 일
분 초
/10

정답 55쪽

빈칸에 알맞은 수나 말을 써넣으세요.

❶ 38480000은 만이 □개인 수입니다.

❷ 1억이 842개인 수는 □입니다.

❸ 1조가 3167개인 수는 □입니다.

❹ 249조 = □ + □ + 9조

계산을 하세요.

❺ $278 \times 50$

❻ $542 \times 47$

❼ $327 \times 63$

❽ $85 \div 25$ (25)85

❾ $239 \div 36$ (36)239

❿ $783 \div 57$ (57)783

# 창의력 쑥쑥! 수학 퀴즈

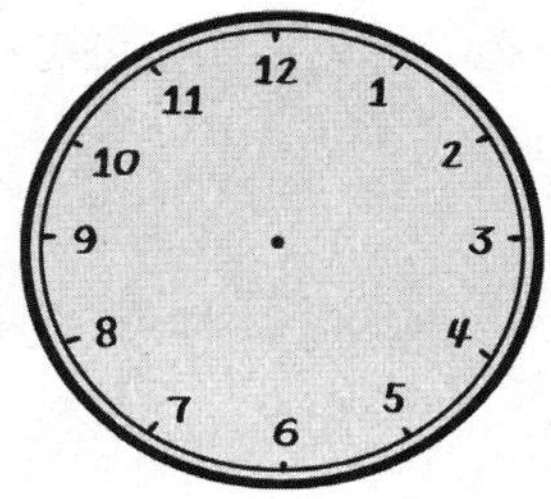

지민이는 일하느라 바쁜 엄마를 대신해서 막냇동생에게 장난감 시계로 시계 보는 법을 가르쳐 주고 있었습니다.
그런데 동생은 시계 보는 법을 익히기보다는 시계로 장난치는 게 더 재미있었나 봅니다. 시곗바늘을 이리저리 돌리며 가지고 놀다가 부러뜨려서 시계판만 남고 말았답니다.

"엄마, 시계가 망가져서 막내에게 시계 보는 법을 가르쳐 줄 수 없어요. 망가진 시계는 이제 버려야겠어요." 지민이가 엄마에게 말했습니다. 그랬더니 엄마는

"응, 그렇구나. 하지만 버리기 전에 지민이 계산 공부에 도움을 줄 수 있는 문제를 하나 낼 수 있겠는걸?"
하시며 지민이에게 문제 하나를 냈습니다.

"두 개의 직선으로 시계판을 세 부분으로 나눠서 각 부분의 수들의 합이 같게 해 보렴."
지민이의 문제, 친구들도 함께 풀어 봐요!

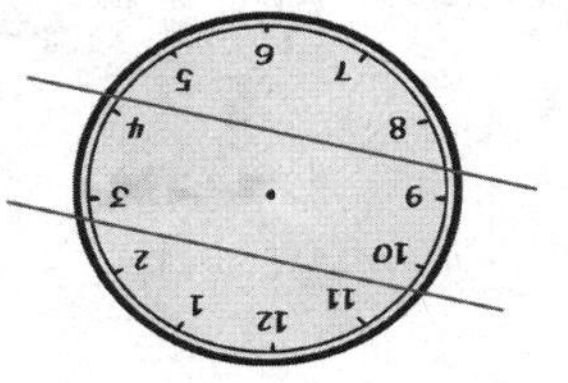

**답** 친구들은 혹시 먼저 시계판 그림에 자로 이리저리 선을 그은 다음, 각 부분의 수들을 더하진 않았나요? 그렇게 해서 답을 찾을 수도 있겠지만, 일반적으로 시간이 좀 오래 걸린답니다. 방법을 바꿔서 세 부분의 수들을 더한 값이 같으려면 각 부분의 수들의 합이 얼마여야 하는지부터 생각해 보자고요.
1에서 12까지 더하면 78이 되고, 78을 3으로 나누면 몫이 26입니다. 즉, 시계판은 수들의 합이 26인 조각 세 개로 나눠진다는 것이지요. 그런데 26은 13의 2배이고, 12+1=13, 11+2=13입니다.
여기까지 생각하면 시계판을 어떻게 나눠야 할지 알겠지요?

## 우와~ 벌써 한 권을 다 풀었어요!
## 실력과 성적이 쑥쑥 올라가는 소리 들리죠?

《계산의 신》 8권에서는 분수와 소수의 덧셈과 뺄셈에 대해 배워요.
분수와 소수는 어떤 방법으로 계산하면 되는지 함께 공부해 볼까요?^^

**개발 책임** 이운영
**편집 관리** 이채원
**디자인** 이현지 임성자
**온라인** 강진식
**마케팅** 박진용
**관리** 장희정
**용지** 영지페이퍼
**인쇄 제본** 벽호·GKC
**유통** 북앤북

# 학부모 체험단의 교재 Review

**강현아**(서울_신중초) **김명진**(서울_신도초) **김정선**(원주_문막초) **김진영**(서울_백운초)
**나현경**(인천_원당초) **방윤정**(서울_강서초) **안조혁**(전주_온빛초) **오정화**(광주_양산초)
**이향숙**(서울_금양초) **이혜선**(서울_홍파초) **전예원**(서울_금양초)

♥ <계산의 신>은 초등학교 학생들의 기본 계산력을 향상시킬 수 있는 최적의 교재입니다. 처음에는 반복 계산이 많아 아이가 지루해하고 계산 실수를 많이 하는 것 같았는데, 점점 계산 속도가 빨라지고 실수도 확연히 줄어 아주 좋았어요.^^

- 서울 서초구 신중초등학교 학부모 강현아

♥ 우리 아이는 수학을 싫어해서 수학 문제집을 좀처럼 풀지 않으려 했는데, 의외로 <계산의 신>은 하루에 2쪽씩 꾸준히 푸네요. 너무 신기하고 뿌듯하여 아이에게 물었더니 "이 책은 숫자만 있어서 쉬운 것 같고, 빨리빨리 풀 수 있어서 좋아요." 라고 하네요. 요즘은 일반 문제집도 집중하여 잘 푸는 것 같아 기특합니다.^^ <계산의 신>은 우리 아이에게 수학에 대한 흥미와 재미를 주는 고마운 책입니다.

- 전주 덕진구 온빛초등학교 학부모 안조혁

♥ 초등 3학년인 우리 아이는 수학을 잘하는 편은 아니지만 제 나름대로 하루에 4~6쪽을 풀었어요. 그러면서 "엄마, 이 책 다 풀고 책 제목처럼 계산의 신이 될 거예요~" 하며 능청떠는 아이의 모습이 정말 예쁘고 대견하네요. <계산의 신>이 비록 계산력을 연습시키는 쉬운 교재이지만 이 교재로 인해 우리 아이가 수학에 관심을 갖고, 앞으로도 수학을 계속 좋아했으면 하는 바람입니다.

- 광주 북구 양산초등학교 학부모 오정화

♥ <계산의 신>은 학부모의 마음까지 헤아려 만든 좋은 책인 것 같아요. 아이가 평소 '시간의 합과 차'를 어려워하여 걱정을 많이 했었는데, <계산의 신>은 그 부분까지 상세하게 다루고 있어 무척 좋았어요. 학생들이 힘들어하는 부분까지 세심하게 파악하여 만든 문제집이라고 생각해요.

- 서울 용산구 금양초등학교 학부모 이향숙

《계산의 신》은

★ 최신 교육과정에 맞춘 단계별 계산 프로그램으로 계산법 완벽 습득
★ '단계별 묶어 풀기', '전체 묶어 풀기'로 체계적 복습까지 한 번에!
★ 좌뇌와 우뇌를 고르게 계발하는 수학 이야기와 수학 퀴즈로 창의성 쑥쑥!

**아이들이 수학 문제를 풀 때 자꾸 실수하는 이유는 바로 계산력이 부족하기 때문입니다.**
**계산 문제에서 실수를 줄이면 점수가 오르고, 점수가 오르면 수학에 자신감이 생깁니다.**
**아이들에게 《계산의 신》으로 수학의 재미와 자신감을 심어 주세요.**

| | 《계산의 신》 권별 핵심 내용 | | |
|---|---|---|---|
| 초등 1학년 | 1권 | 자연수의 덧셈과 뺄셈 기본(1) | 합과 차가 9까지인 덧셈과 뺄셈<br>받아올림/내림이 없는 (두 자리 수)±(한 자리 수) |
| | 2권 | 자연수의 덧셈과 뺄셈 기본(2) | 받아올림/내림이 없는 (두 자리 수 )±(두 자리 수)<br>받아올림/내림이 있는 (한/두 자리 수)±(한 자리 수) |
| 초등 2학년 | 3권 | 자연수의 덧셈과 뺄셈 발전 | (두 자리 수)±(한 자리 수)<br>(두 자리 수)±(두 자리 수) |
| | 4권 | 네 자리 수/곱셈구구 | 네 자리 수<br>곱셈구구 |
| 초등 3학년 | 5권 | 자연수의 덧셈과 뺄셈/곱셈과 나눗셈 | (세 자리 수)±(세 자리 수), (두 자리 수)×(한 자리 수)<br>곱셈구구 범위에서의 나눗셈 |
| | 6권 | 자연수의 곱셈과 나눗셈 발전 | (세 자리 수)×(한 자리 수), (두 자리 수)×(두 자리 수)<br>(두/세 자리 수)÷(한 자리 수) |
| 초등 4학년 | 7권 | 자연수의 곱셈과 나눗셈 심화 | (세 자리 수)×(두 자리 수)<br>(두/세 자리 수)÷(두 자리 수) |
| | 8권 | 분수와 소수의 덧셈과 뺄셈 기본 | 분모가 같은 분수의 덧셈과 뺄셈<br>소수의 덧셈과 뺄셈 |
| 초등 5학년 | 9권 | 자연수의 혼합 계산/분수의 덧셈과 뺄셈 | 자연수의 혼합 계산, 약수와 배수, 약분과 통분<br>분모가 다른 분수의 덧셈과 뺄셈 |
| | 10권 | 분수와 소수의 곱셈 | (분수)×(자연수), (분수)×(분수)<br>(소수)×(자연수), (소수)×(소수) |
| 초등 6학년 | 11권 | 분수와 소수의 나눗셈 기본 | (분수)÷(자연수), (소수)÷(자연수)<br>(자연수)÷(자연수) |
| | 12권 | 분수와 소수의 나눗셈 발전 | (분수)÷(분수), (자연수)÷(분수), (소수)÷(소수),<br>(자연수)÷(소수), 비례식과 비례배분 |

KAIST 출신 수학 선생님들이 집필한

# 계산의 신 神

송명진·박종하 지음

7 초등 4-1

## 자연수의 곱셈과 나눗셈 심화

# 정답 및 풀이

KAIST 출신 수학 선생님들이 집필한

# 계산의 신 神

송명진·박종하 지음

7 초등 4학년 1학기

# 정 답

# 1일차 A형 다섯 자리 수

월 일
분 초
/8

다섯 자리 수에 대해 알아보자!


빈칸에 알맞은 수를 넣으세요.

❶ 10000이 4개, 1000이 5개, 100이 7개, 10이 2개, 1이 6개이면 45726 입니다.

❷ 10000이 2개, 1000이 1개, 100이 9개, 10이 4개, 1이 5개이면 21945 입니다.

❸ 10000이 3개, 1000이 3개, 100이 8개, 10이 7개, 1이 2개이면 33872 입니다.

❹ 10000이 7개, 1000이 2개, 100이 4개, 10이 6개, 1이 5개이면 72465 입니다.

❺ 10000이 9개, 1000이 1개, 100이 6개, 10이 2개, 1이 4개이면 91624 입니다.

❻ 10000이 5개, 1000이 4개, 100이 4개, 10이 3개, 1이 8개이면 54438 입니다.

❼ 10000이 9개, 1000이 1개, 100이 6개, 10이 2개, 1이 4개이면 91624 입니다.

❽ 10000이 7개, 1000이 3개, 100이 2개, 10이 3개, 1이 1개이면 73231 입니다.

자기 점수에 ○표 하세요

| 맞힌 개수 | 4개 이하 | 5~6개 | 7개 | 8개 |
|---|---|---|---|---|
| 학습 방법 | 개념을 다시 공부하세요. | 조금 더 노력하세요. | 실수하면 안 돼요. | 참 잘했어요. |



# 1일차 B형 다섯 자리 수

월 일
분 초
/10

다섯 자리 수를 확실히 이해하자!


정답 2쪽

주어진 수를 각 자리의 숫자가 나타내는 값의 합으로 나타내세요.

❶ 64357 = 60000 + 4000 + 300 + 50 + 7

❷ 83516 = 80000 + 3000 + 500 + 10 + 6

❸ 43492 = 40000 + 3000 + 400 + 90 + 2

❹ 77421 = 70000 + 7000 + 400 + 20 + 1

❺ 58354 = 50000 + 8000 + 300 + 50 + 4

❻ 91247 = 90000 + 1000 + 200 + 40 + 7

❼ 10285 = 10000 + 200 + 80 + 5

❽ 43842 = 40000 + 3000 + 800 + 40 + 2

❾ 74209 = 70000 + 4000 + 200 + 9

❿ 34582 = 30000 + 4000 + 500 + 80 + 2

자기 점수에 ○표 하세요

| 맞힌 개수 | 5개 이하 | 6~7개 | 8~9개 | 10개 |
|---|---|---|---|---|
| 학습 방법 | 개념을 다시 공부하세요. | 조금 더 노력하세요. | 실수하면 안 돼요. | 참 잘했어요. |

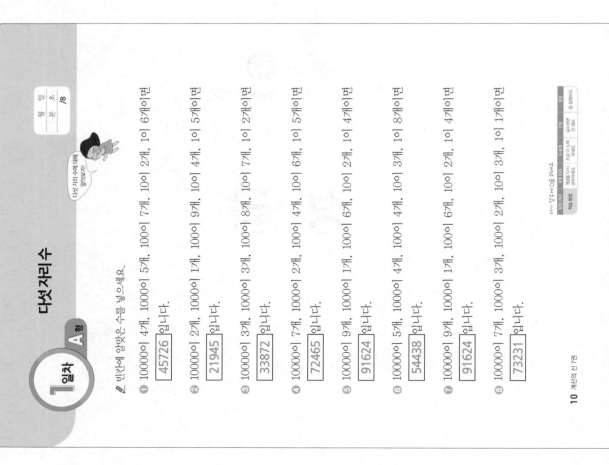

## 2일차 A형 다섯 자리 수

월 일 / 분 초 / /8

빈칸에 알맞은 수를 넣으세요.

❶ 10000이 2개, 1000이 1개, 100이 9개, 10이 7개, 1이 3개이면 [21973]입니다.

❷ 10000이 5개, 1000이 5개, 100이 4개, 10이 2개, 1이 8개이면 [55428]입니다.

❸ 10000이 7개, 1000이 1개, 100이 2개, 10이 9개, 1이 6개이면 [71296]입니다.

❹ 10000이 4개, 1000이 2개, 100이 0개, 10이 5개, 1이 7개이면 [42057]입니다.

❺ 10000이 3개, 1000이 2개, 100이 6개, 10이 6개, 1이 1개이면 [32661]입니다.

❻ 10000이 8개, 1000이 0개, 100이 0개, 10이 2개, 1이 9개이면 [80029]입니다.

❼ 10000이 1개, 1000이 3개, 100이 8개, 10이 4개, 1이 7개이면 [13847]입니다.

❽ 10000이 6개, 1000이 7개, 100이 2개, 10이 5개, 1이 5개이면 [67255]입니다.

자기 점수에 ○표 하세요

| 맞힌 개수 | 4개 이하 | 5~6개 | 7개 | 8개 |
|---|---|---|---|---|
| 학습 방법 | 개념을 다시 공부하세요. | 조금 더 노력하세요. | 실수하면 안 돼요. | 참 잘했어요. |



## 2일차 B형 다섯 자리 수

월 일 / 분 초 / /10

정답 3쪽

주어진 수를 각 자리의 숫자가 나타내는 값의 합으로 나타내세요.

❶ 31248=[30000]+1000+[200]+40+8

❷ 63212=60000+[3000]+[200]+10+2

❸ 84376=[80000]+[4000]+300+[70]+6

❹ 51935=[50000]+[1000]+[900]+30+5

❺ 70384=70000+[300]+[80]+4

❻ 11593=[10000]+1000+[500]+[90]+3

❼ 64725=[60000]+[4000]+[700]+20+[5]

❽ 21866=20000+[1000]+[800]+[60]+6

❾ 34150=[30000]+[4000]+[100]+[50]

❿ 41397=[40000]+[1000]+[300]+[90]+[7]

자기 점수에 ○표 하세요

| 맞힌 개수 | 5개 이하 | 6~7개 | 8~9개 | 10개 |
|---|---|---|---|---|
| 학습 방법 | 개념을 다시 공부하세요. | 조금 더 노력하세요. | 실수하면 안 돼요. | 참 잘했어요. |

## 3일차 A형 다섯 자리 수

월 일 / 분 초 / /8

빈칸에 알맞은 수를 넣으세요.

❶ 10000이 8개, 1000이 0개, 100이 0개, 10이 2개, 1이 6개이면 [80026]입니다.

❷ 10000이 4개, 1000이 3개, 100이 8개, 10이 9개, 1이 2개이면 [43892]입니다.

❸ 10000이 3개, 1000이 1개, 100이 7개, 10이 7개, 1이 4개이면 [31774]입니다.

❹ 10000이 5개, 1000이 1개, 100이 4개, 10이 3개, 1이 9개이면 [51439]입니다.

❺ 10000이 2개, 1000이 2개, 100이 8개, 10이 5개, 1이 4개이면 [22854]입니다.

❻ 10000이 4개, 1000이 2개, 100이 5개, 10이 0개, 1이 7개이면 [42507]입니다.

❼ 10000이 6개, 1000이 5개, 100이 2개, 10이 7개, 1이 2개이면 [65272]입니다.

❽ 10000이 3개, 1000이 8개, 100이 4개, 10이 1개, 1이 6개이면 [38416]입니다.

자기 점수에 ○표 하세요.

| 맞힌 개수 | 4개 이하 | 5~6개 | 7개 | 8개 |
|---|---|---|---|---|
| 학습 방법 | 개념을 다시 공부하세요. | 조금 더 노력 하세요. | 실수하면 안 돼요. | 참 잘했어요. |



## 3일차 B형 다섯 자리 수

월 일 / 분 초 / /10

정답 4쪽

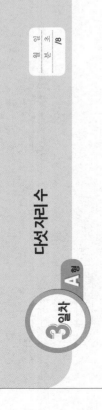

주어진 수를 각 자리의 숫자가 나타내는 값의 합으로 나타내세요.

❶ 74135 = [70000] + 4000 + [100] + 30 + 5

❷ 25971 = 20000 + [5000] + [900] + 70 + 1

❸ 60684 = [60000] + [600] + 80 + 4

❹ 93496 = [90000] + [3000] + 400 + [90] + 6

❺ 35764 = 30000 + [5000] + [700] + [60] + 4

❻ 26831 = [20000] + 6000 + [800] + [30] + 1

❼ 59603 = [50000] + [9000] + [600] + 3

❽ 46487 = 40000 + [6000] + [400] + [80] + 7

❾ 74691 = [70000] + [4000] + [600] + [90] + 1

❿ 48613 = [40000] + [8000] + [600] + [10] + [3]

자기 점수에 ○표 하세요.

| 맞힌 개수 | 5개 이하 | 6~7개 | 8~9개 | 10개 |
|---|---|---|---|---|
| 학습 방법 | 개념을 다시 공부하세요. | 조금 더 노력 하세요. | 실수하면 안 돼요. | 참 잘했어요. |

## 4일차 A형 다섯 자리 수

월 일 / 분 초 / /8

빈칸에 알맞은 수를 넣으세요.

❶ 10000이 5개, 1000이 9개, 100이 5개, 10이 4개, 1이 2개이면 [59542]입니다.

❷ 10000이 8개, 1000이 4개, 100이 3개, 10이 6개, 1이 1개이면 [84361]입니다.

❸ 10000이 9개, 1000이 7개, 100이 2개, 10이 5개, 1이 6개이면 [97256]입니다.

❹ 10000이 3개, 1000이 5개, 100이 2개, 10이 2개, 1이 8개이면 [35228]입니다.

❺ 10000이 6개, 1000이 1개, 100이 0개, 10이 4개, 1이 7개이면 [61047]입니다.

❻ 10000이 1개, 1000이 6개, 100이 8개, 10이 3개, 1이 3개이면 [16833]입니다.

❼ 10000이 4개, 1000이 0개, 100이 6개, 10이 0개, 1이 9개이면 [40609]입니다.

❽ 10000이 5개, 1000이 2개, 100이 1개, 10이 6개, 1이 5개이면 [52165]입니다.

자기 점수에 ○표 하세요

| 맞힌 개수 | 4개 이하 | 5~6개 | 7개 | 8개 |
|---|---|---|---|---|
| 학습 방법 | 개념을 다시 공부하세요. | 조금 더 노력하세요. | 실수하면 안 돼요. | 참 잘했어요. |



## 4일차 B형 다섯 자리 수

월 일 / 분 초 / /10

정답 5쪽

주어진 수를 각 자리의 숫자가 나타내는 값의 합으로 나타내세요.

❶ 36514 = [30000] + 6000 + [500] + 10 + 4

❷ 79916 = 70000 + [9000] + [900] + 10 + 6

❸ 58083 = [50000] + [8000] + 80 + 3

❹ 27168 = [20000] + [7000] + 100 + [60] + 8

❺ 40755 = 40000 + [700] + [50] + 5

❻ 91604 = [90000] + 1000 + [600] + 4

❼ 85537 = [80000] + [5000] + 500 + [30] + 7

❽ 94321 = 90000 + [4000] + [300] + [20] + 1

❾ 47825 = [40000] + [7000] + [800] + [20] + 5

❿ 66843 = [60000] + [6000] + [800] + [40] + [3]

자기 점수에 ○표 하세요

| 맞힌 개수 | 5개 이하 | 6~7개 | 8~9개 | 10개 |
|---|---|---|---|---|
| 학습 방법 | 개념을 다시 공부하세요. | 조금 더 노력하세요. | 실수하면 안 돼요. | 참 잘했어요. |

## 5일차 A형 다섯 자리 수

월 일 / 분 초 / /8

빈칸에 알맞은 수를 넣으세요.

❶ 10000이 1개, 1000이 4개, 100이 2개, 10이 3개, 1이 7개이면 [14237]입니다.

❷ 10000이 4개, 1000이 4개, 100이 2개, 10이 0개, 1이 5개이면 [44205]입니다.

❸ 10000이 8개, 1000이 1개, 100이 3개, 10이 2개, 1이 3개이면 [81323]입니다.

❹ 10000이 5개, 1000이 1개, 100이 1개, 10이 7개, 1이 6개이면 [51176]입니다.

❺ 10000이 3개, 1000이 4개, 100이 8개, 10이 2개, 1이 9개이면 [34829]입니다.

❻ 10000이 2개, 1000이 5개, 100이 0개, 10이 1개, 1이 4개이면 [25014]입니다.

❼ 10000이 9개, 1000이 2개, 100이 4개, 10이 8개, 1이 7개이면 [92487]입니다.

❽ 10000이 7개, 1000이 0개, 100이 0개, 10이 5개, 1이 0개이면 [70050]입니다.

자기 점수에 ○표 하세요.

| 맞힌 개수 | 4개 이하 | 5~6개 | 7개 | 8개 |
|---|---|---|---|---|
| 학습 방법 | 개념을 다시 공부하세요. | 조금 더 노력하세요. | 실수하면 안 돼요. | 참 잘했어요. |



## 5일차 B형 다섯 자리 수

월 일 / 분 초 / /10

정답 6쪽

이번 단계에서는 다섯 자리 수를 읽고 쓰는 방법에 대해 배웠습니다. 다음 단계에서는 다섯 자리 수보다 더 큰 수를 배웁니다.

주어진 수를 각 자리의 숫자가 나타내는 값의 합으로 나타내세요.

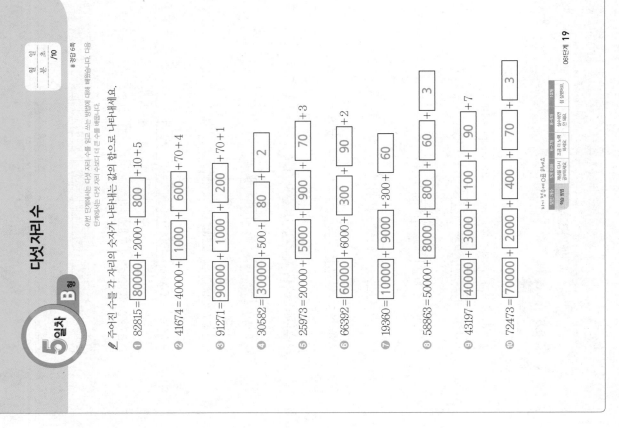

❶ 82815=[80000]+2000+[800]+10+5

❷ 41674=40000+[1000]+[600]+70+4

❸ 91271=[90000]+[1000]+[200]+70+1

❹ 30582=[30000]+500+[80]+[2]

❺ 25973=20000+[5000]+[900]+[70]+3

❻ 66392=[60000]+6000+[300]+[90]+2

❼ 19360=[10000]+[9000]+300+[60]

❽ 58863=50000+[8000]+[800]+[60]+[3]

❾ 43197=[40000]+[3000]+[100]+[90]+7

❿ 72473=[70000]+[2000]+[400]+[70]+[3]

자기 점수에 ○표 하세요.

| 맞힌 개수 | 5개 이하 | 6~7개 | 8~9개 | 10개 |
|---|---|---|---|---|
| 학습 방법 | 개념을 다시 공부하세요. | 조금 더 노력하세요. | 실수하면 안 돼요. | 참 잘했어요. |

## 1일차 A형 큰 수 알아보기

월 일
분 초
/10

네 자리씩
끊어서 읽어봐!

빈칸에 알맞은 수나 말을 써넣으세요.

① 450000은 만이 [ 45 ]개인 수입니다.

② 3920000은 만이 [ 392 ]개인 수입니다.

③ 93150000은 만이 [ 9315 ]개인 수입니다.

④ 267453은 만이 [ 26 ]개, 일이 [ 7453 ]개인 수입니다.

⑤ 6865992는 만이 [ 686 ]개, 일이 [ 5992 ]개인 수입니다.

⑥ 47168249는 만이 [ 4716 ]개, 일이 [ 8249 ]개인 수입니다.

⑦ 930000은 [ 구십삼만 ](이)라고 읽습니다.

⑧ 5260000은 [ 오백이십육만 ](이)라고 읽습니다.

⑨ 73280000은 [ 칠천삼백이십팔만 ](이)라고 읽습니다.

⑩ 578415는 [ 오십칠만 팔천사백십오 ](이)라고 읽습니다.

자기 점수에 ○표 하세요

| 맞힌 개수 | 5개 이하 | 6~7개 | 8~9개 | 10개 |
|---|---|---|---|---|
| 학습 방법 | 개념을 다시 공부하세요. | 조금 더 노력하세요. | 실수하면 안 돼요. | 참 잘했어요. |

## 1일차 B형 큰 수 알아보기

월 일
분 초
/10

자릿수의 단위에
주의해야 해!

정답 7쪽

빈칸에 알맞은 수나 말을 써넣으세요.

① 1억이 23개인 수는 [ 23억 ]입니다.

② 1억이 862개인 수는 [ 862억 ]입니다.

③ 1억이 1695개인 수는 [ 1695억 ]입니다.

④ 1조가 76개인 수는 [ 76조 ]입니다.

⑤ 1조가 591개인 수는 [ 591조 ]입니다.

⑥ 1조가 7636개인 수는 [ 7636조 ]입니다.

⑦ 981억 = [ 900억 ] + 80억 + [ 1억 ]

⑧ 8362억 = [ 8000억 ] + 300억 + [ 60억 ] + [ 2억 ]

⑨ 859조 = [ 800조 ] + 50조 + [ 9조 ]

⑩ 6379조 = [ 6000조 ] + [ 300조 ] + 70조 + [ 9조 ]

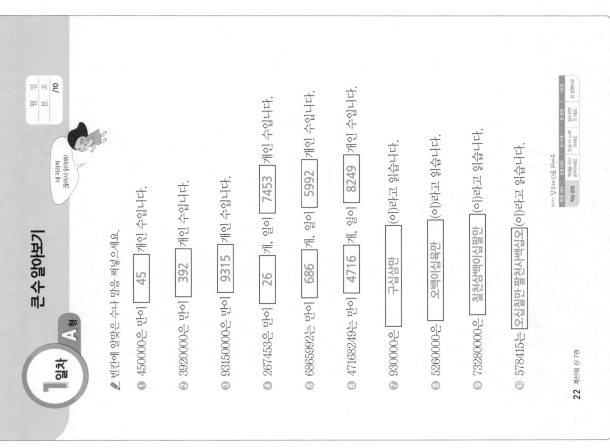

자기 점수에 ○표 하세요

| 맞힌 개수 | 5개 이하 | 6~7개 | 8~9개 | 10개 |
|---|---|---|---|---|
| 학습 방법 | 개념을 다시 공부하세요. | 조금 더 노력하세요. | 실수하면 안 돼요. | 참 잘했어요. |

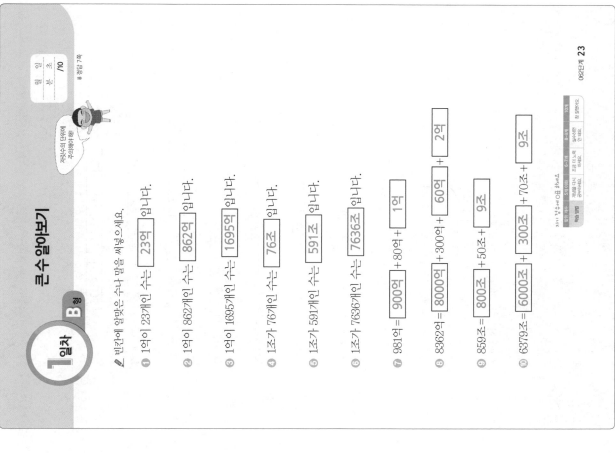

## 2일차 A형 큰 수 알아보기

월 일 / 분 초 / /10

빈칸에 알맞은 수나 말을 써넣으세요.

1. 380000은 만이 [38]개인 수입니다.
2. 4120000은 만이 [412]개인 수입니다.
3. 16870000은 만이 [1687]개인 수입니다.
4. 668439는 만이 [66]개, 일이 [8439]개인 수입니다.
5. 9462774는 만이 [946]개, 일이 [2774]개인 수입니다.
6. 52336147은 만이 [5233]개, 일이 [6147]개인 수입니다.
7. 290000은 [이십구만](이)라고 읽습니다.
8. 9640000은 [구백육십사만](이)라고 읽습니다.
9. 57140000은 [오천칠백십사만](이)라고 읽습니다.
10. 3628647은 [삼백육십이만 팔천육백사십칠](이)라고 읽습니다.

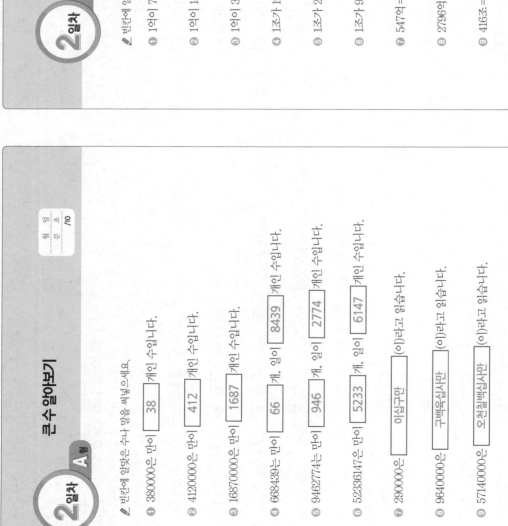

자기 점수에 ○표 하세요

| 맞은 개수 | 5개 이하 | 6~7개 | 8~9개 | 10개 |
|---|---|---|---|---|
| 학습 방법 | 개념을 다시 공부하세요. | 조금 더 노력 하세요. | 실수하면 안 돼요. | 참 잘했어요. |



## 2일차 B형 큰 수 알아보기

월 일 / 분 초 / /10

정답 8쪽

빈칸에 알맞은 수나 말을 써넣으세요.

1. 1억이 76개인 수는 [76억]입니다.
2. 1억이 184개인 수는 [184억]입니다.
3. 1억이 3267개인 수는 [3267억]입니다.
4. 1조가 19개인 수는 [19조]입니다.
5. 1조가 244개인 수는 [244조]입니다.
6. 1조가 9607개인 수는 [9607조]입니다.
7. 547억 = [500억] + [40억] + 7억
8. 2796억 = [2000억] + 700억 + [90억] + [6억]
9. 416조 = [400조] + 10조 + [6조]
10. 8369조 = [8000조] + [300조] + [60조] + 9조

자기 점수에 ○표 하세요

| 맞은 개수 | 5개 이하 | 6~7개 | 8~9개 | 10개 |
|---|---|---|---|---|
| 학습 방법 | 개념을 다시 공부하세요. | 조금 더 노력 하세요. | 실수하면 안 돼요. | 참 잘했어요. |

## 3일차 A형 큰 수 알아보기

월 일 / 분 초 / /10

빈칸에 알맞은 수나 말을 써넣으세요.

① 620000은 만이 [62]개인 수입니다.

② 8630000은 만이 [863]개인 수입니다.

③ 42970000은 만이 [4297]개인 수입니다.

④ 571963은 만이 [57]개, 일이 [1963]개인 수입니다.

⑤ 1684326은 만이 [168]개, 일이 [4326]개인 수입니다.

⑥ 70368417은 만이 [7036]개, 일이 [8417]개인 수입니다.

⑦ 320000은 [삼십이만](이)라고 읽습니다.

⑧ 6370000은 [육백삼십칠만](이)라고 읽습니다.

⑨ 21460000은 [이천백사십육만](이)라고 읽습니다.

⑩ 35137559는 [삼천오백십삼만 칠천오백오십구](이)라고 읽습니다.

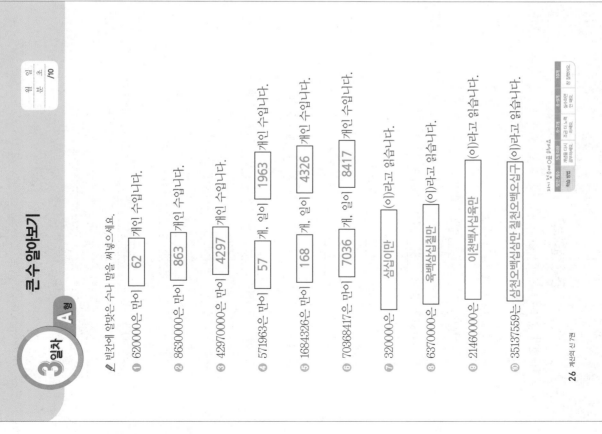

자기 점수에 ○표 하세요

| 맞힌 개수 | 5개 이하 | 6~7개 | 8~9개 | 10개 |
|---|---|---|---|---|
| 학습 방법 | 개념을 다시 공부하세요. | 조금 더 노력하세요. | 실수하면 안 돼요. | 참 잘했어요. |



## 3일차 B형 큰 수 알아보기

월 일 / 분 초 / /10

정답 9쪽

빈칸에 알맞은 수나 말을 써넣으세요.

① 1억이 43개인 수는 [43억]입니다.

② 1억이 261개인 수는 [261억]입니다.

③ 1억이 9344개인 수는 [9344억]입니다.

④ 1조가 27개인 수는 [27조]입니다.

⑤ 1조가 308개인 수는 [308조]입니다.

⑥ 1조가 5144개인 수는 [5144조]입니다.

⑦ 815억 = [800억] + 10억 + [5억]

⑧ 1834억 = [1000억] + [800억] + 30억 + [4억]

⑨ 137조 = [100조] + 30조 + [7조]

⑩ 7250조 = [7000조] + [200조] + [50조]

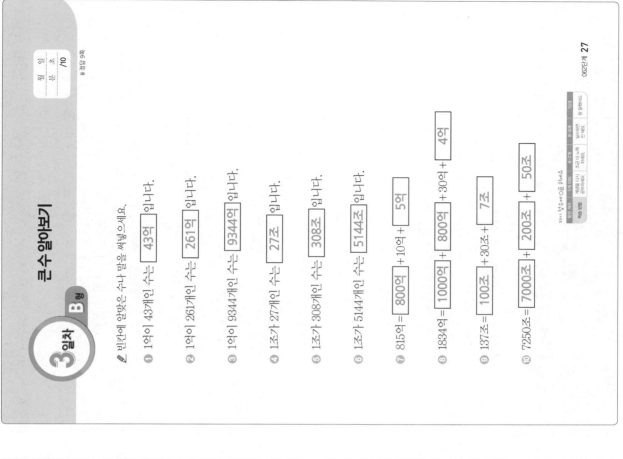

자기 점수에 ○표 하세요

| 맞힌 개수 | 5개 이하 | 6~7개 | 8~9개 | 10개 |
|---|---|---|---|---|
| 학습 방법 | 개념을 다시 공부하세요. | 조금 더 노력하세요. | 실수하면 안 돼요. | 참 잘했어요. |

## 4일차 A형 큰 수 알아보기

월 일 / 분 초 / /10

빈칸에 알맞은 수나 말을 써넣으세요.

① 120000은 만이 [12]개인 수입니다.

② 9530000은 만이 [953]개인 수입니다.

③ 56710000은 만이 [5671]개인 수입니다.

④ 936876은 만이 [93]개, 일이 [6876]개인 수입니다.

⑤ 7462384는 만이 [746]개, 일이 [2384]개인 수입니다.

⑥ 80486117은 만이 [8048]개, 일이 [6117]개인 수입니다.

⑦ 240000은 [이십사만](이)라고 읽습니다.

⑧ 1650000은 [백육십오만](이)라고 읽습니다.

⑨ 63600000은 [육천삼백육십만](이)라고 읽습니다.

⑩ 40862173은 [사천팔십육만 이천백칠십삼](이)라고 읽습니다.

자기 점수에 ○표 하세요

| 맞힌 개수 | 5개 이하 | 6~7개 | 8~9개 | 10개 |
|---|---|---|---|---|
| 학습 방법 | 개념을 다시 공부하세요. | 조금 더 노력하세요. | 실수하면 안 돼요. | 참 잘했어요. |



## 4일차 B형 큰 수 알아보기

월 일 / 분 초 / /10

정답 10쪽

빈칸에 알맞은 수나 말을 써넣으세요.

① 1억이 93개인 수는 [93억]입니다.

② 1억이 716개인 수는 [716억]입니다.

③ 1억이 8305개인 수는 [8305억]입니다.

④ 1조가 41개인 수는 [41조]입니다.

⑤ 1조가 620개인 수는 [620조]입니다.

⑥ 1조가 3167개인 수는 [3167조]입니다.

⑦ 646억 = [600억] + 40억 + [6억]

⑧ 7391억 = [7000억] + 300억 + [90억] + [1억]

⑨ 572조 = [500조] + 70조 + [2조]

⑩ 8863조 = [8000조] + [800조] + [60조] + 3조

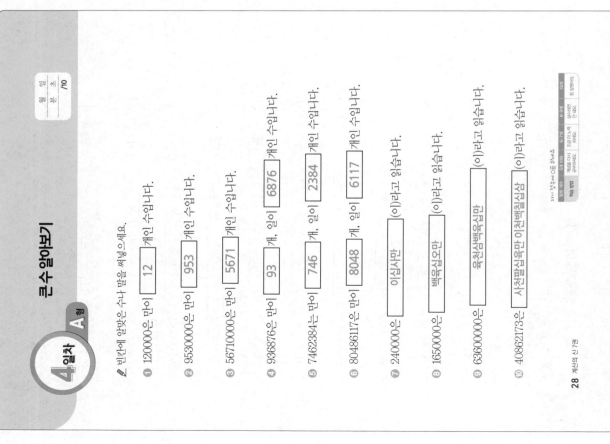

자기 점수에 ○표 하세요

| 맞힌 개수 | 5개 이하 | 6~7개 | 8~9개 | 10개 |
|---|---|---|---|---|
| 학습 방법 | 개념을 다시 공부하세요. | 조금 더 노력하세요. | 실수하면 안 돼요. | 참 잘했어요. |

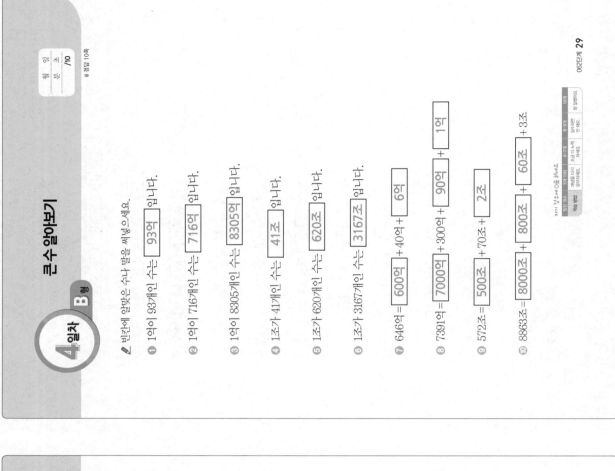

## 5일차 A형

# 큰 수 알아보기

월 일
분 초
/10

빈칸에 알맞은 수나 말을 써넣으세요.

❶ 480000은 만이 [48] 개인 수입니다.

❷ 7060000은 만이 [706] 개인 수입니다.

❸ 12490000은 만이 [1249] 개인 수입니다.

❹ 8336472는 만이 [833] 개, 일이 [6472] 개인 수입니다.

❺ 5026841은 만이 [502] 개, 일이 [6841] 개인 수입니다.

❻ 79864835는 만이 [7986] 개, 일이 [4835] 개인 수입니다.

❼ 330000은 [삼십삼만] (이)라고 읽습니다.

❽ 4520000은 [사백오십이만] (이)라고 읽습니다.

❾ 43990000은 [사천삼백구십구만] (이)라고 읽습니다.

❿ 1384670은 [백삼십팔만 사천육백칠십] (이)라고 읽습니다.

자기 점수에 ○표 하세요

| 맞힌 개수 | 5개 이하 | 6~7개 | 8~9개 | 10개 |
|---|---|---|---|---|
| 학습 방법 | 개념을 다시 공부하세요. | 조금 더 노력하세요. | 실수하면 안 돼요. | 참 잘했어요. |



## 5일차 B형

# 큰 수 알아보기

월 일
분 초
/10

정답 11쪽

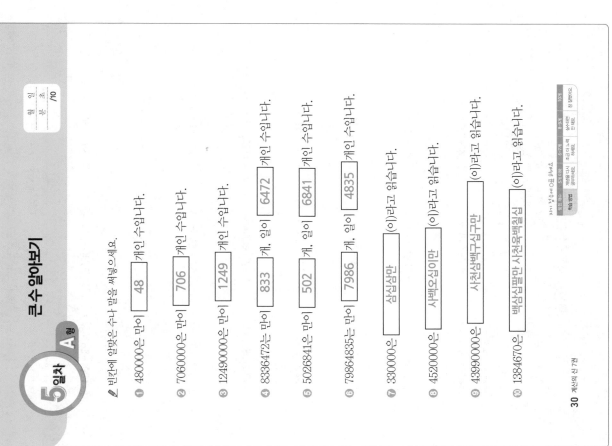

이번 단계에서는 '억'과 '조' 단위에 대해서 배웠습니다. 다음 단계에서는 각도의 합과 차를 배웁니다.

빈칸에 알맞은 수나 말을 써넣으세요.

❶ 1억이 60개인 수는 [60억] 입니다.

❷ 1억이 492개인 수는 [492억] 입니다.

❸ 1억이 7632개인 수는 [7632억] 입니다.

❹ 1조가 86개인 수는 [86조] 입니다.

❺ 1조가 167개인 수는 [167조] 입니다.

❻ 1조가 5611개인 수는 [5611조] 입니다.

❼ 827억 = [800억] + 20억 + [7억]

❽ 6935억 = [6000억] + 900억 + [30억] + [5억]

❾ 418조 = [400조] + 10조 + [8조]

❿ 9274조 = [9000조] + [200조] + [70조] + 4조

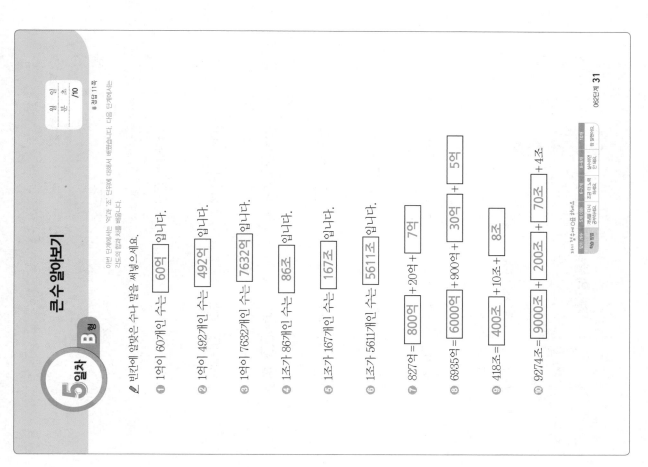

자기 점수에 ○표 하세요

| 맞힌 개수 | 5개 이하 | 6~7개 | 8~9개 | 10개 |
|---|---|---|---|---|
| 학습 방법 | 개념을 다시 공부하세요. | 조금 더 노력하세요. | 실수하면 안 돼요. | 참 잘했어요. |

# 1일차 A형 계산의 활용-각도의 합과 차

월 일
분 초
/24

각도의 합과 차도 자연수의 덧셈과 뺄셈처럼 계산하면 돼!

계산을 하세요.

❶ 40°+25°=65° ❷ 60°+110°=170° ❸ 24°+52°=76°

❹ 75°+61°=136° ❺ 103°+42°=145° ❻ 86°+17°=103°

❼ 29°+121°=150° ❽ 34°+28°=62° ❾ 141°+22°=163°

❿ 92°+78°=170° ⓫ 132°+142°=274° ⓬ 133°+57°=190°

⓭ 170°−65°=105° ⓮ 87°−39°=48° ⓯ 112°−56°=56°

⓰ 151°−87°=64° ⓱ 64°−55°=9° ⓲ 92°−75°=17°

⓳ 166°−19°=147° ⓴ 257°−88°=169° ㉑ 123°−105°=18°

㉒ 130°−26°=104° ㉓ 273°−146°=127° ㉔ 254°−35°=219°

자기 점수에 ○표 하세요.

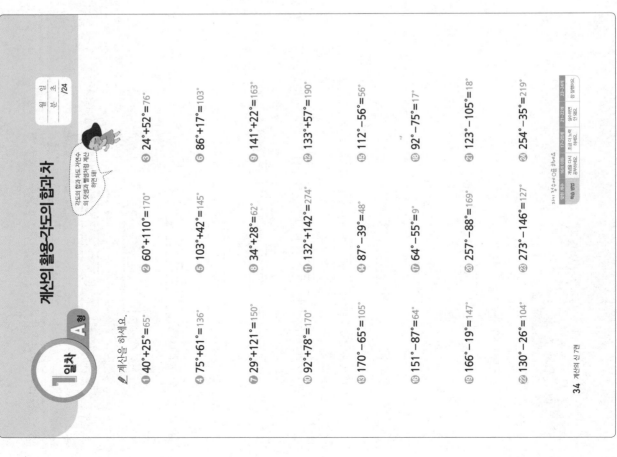

| 맞힌 개수 | 16개 이하 | 17~20개 | 21~22개 | 23~24개 |
| --- | --- | --- | --- | --- |
| 학습 방법 | 개념을 다시 공부하세요. | 조금 더 노력하세요. | 실수하면 안 돼요. | 참 잘했어요. |



# 1일차 B형 계산의 활용-각도의 합과 차

월 일
분 초
/16

정답 12쪽

덧셈과 뺄셈의 관계를 생각해 봐!

빈칸에 알맞은 수를 써넣으세요.

❶ 25°+[55]°=80° ❷ 44°+[69]°=113°

❸ 68°+[73]°=141° ❹ 109°+[65]°=174°

❺ [81]°+39°=120° ❻ [77]°+58°=135°

❼ [128]°+106°=234° ❽ [84]°+127°=211°

❾ 93°−[47]°=46° ❿ 136°−[87]°=49°

⓫ 150°−[78]°=72° ⓬ 216°−[109]°=107°

⓭ [94]°−19°=75° ⓮ [180]°−86°=94°

⓯ [288]°−132°=156° ⓰ [202]°−119°=83°

자기 점수에 ○표 하세요.

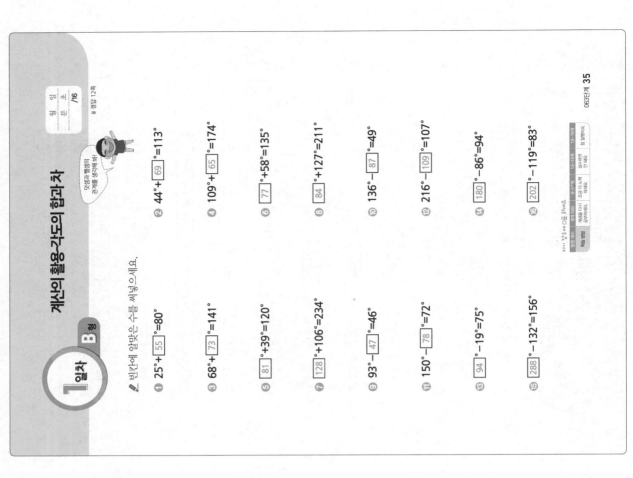

| 맞힌 개수 | 8개 이하 | 9~12개 | 13~14개 | 15~16개 |
| --- | --- | --- | --- | --- |
| 학습 방법 | 개념을 다시 공부하세요. | 조금 더 노력하세요. | 실수하면 안 돼요. | 참 잘했어요. |

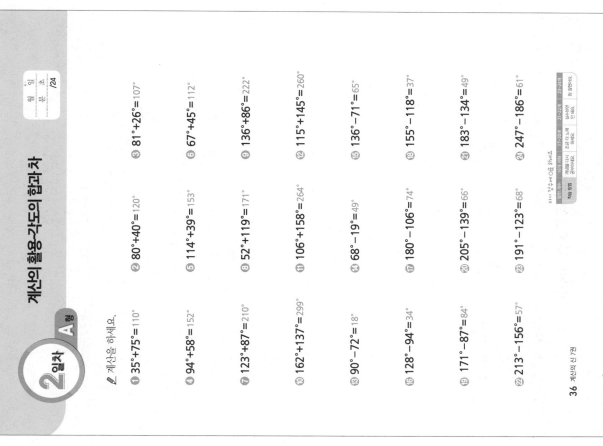

## 2일차 A형 계산의 활용-각도의 합과 차

월 일 / 분 초 / /24

계산을 하세요.

① 35°+75°=110°
② 80°+40°=120°
③ 81°+26°=107°
④ 94°+58°=152°
⑤ 114°+39°=153°
⑥ 67°+45°=112°
⑦ 123°+87°=210°
⑧ 52°+119°=171°
⑨ 136°+86°=222°
⑩ 162°+137°=299°
⑪ 106°+158°=264°
⑫ 115°+145°=260°
⑬ 90°−72°=18°
⑭ 68°−19°=49°
⑮ 136°−71°=65°
⑯ 128°−94°=34°
⑰ 180°−106°=74°
⑱ 155°−118°=37°
⑲ 171°−87°=84°
⑳ 205°−139°=66°
㉑ 183°−134°=49°
㉒ 213°−156°=57°
㉓ 191°−123°=68°
㉔ 247°−186°=61°

자기 점수에 ○표 하세요

| 맞힌 개수 | 16개 이하 | 17~20개 | 21~22개 | 23~24개 |
|---|---|---|---|---|
| 학습 방법 | 개념을 다시 공부하세요. | 조금 더 노력 하세요. | 실수하면 안 돼요. | 참 잘했어요. |

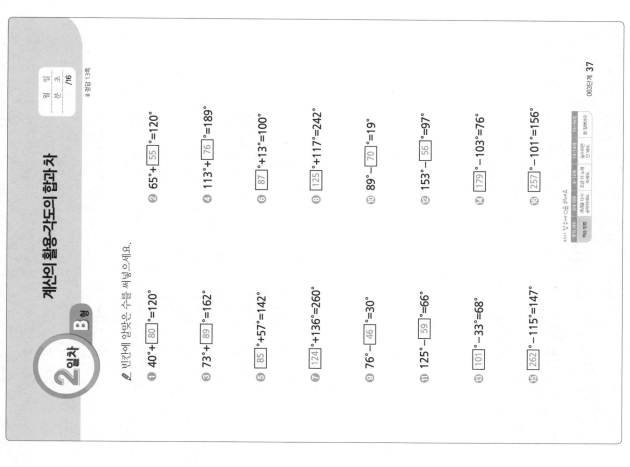

## 2일차 B형 계산의 활용-각도의 합과 차

월 일 / 분 초 / /16

정답 13쪽

빈칸에 알맞은 수를 써넣으세요.

① 40°+[80]°=120°
② 65°+[55]°=120°
③ 73°+[89]°=162°
④ 113°+[76]°=189°
⑤ [85]°+57°=142°
⑥ [87]°+13°=100°
⑦ [124]°+136°=260°
⑧ [125]°+117°=242°
⑨ 76°−[46]°=30°
⑩ 89°−[70]°=19°
⑪ 125°−[59]°=66°
⑫ 153°−[56]°=97°
⑬ [101]°−33°=68°
⑭ [179]°−103°=76°
⑮ [262]°−115°=147°
⑯ [257]°−101°=156°

자기 점수에 ○표 하세요

| 맞힌 개수 | 8개 이하 | 9~12개 | 13~14개 | 15~16개 |
|---|---|---|---|---|
| 학습 방법 | 개념을 다시 공부하세요. | 조금 더 노력 하세요. | 실수하면 안 돼요. | 참 잘했어요. |

## 3일차 A형 계산의 활용-각도의 합과 차

월 일
분 초
/24

계산을 하세요.

① $42°+63°=105°$ ② $57°+90°=147°$ ③ $16°+74°=90°$

④ $53°+105°=158°$ ⑤ $120°+84°=204°$ ⑥ $96°+110°=206°$

⑦ $68°+95°=163°$ ⑧ $49°+103°=152°$ ⑨ $129°+136°=265°$

⑩ $84°+176°=260°$ ⑪ $133°+99°=232°$ ⑫ $108°+164°=272°$

⑬ $75°-65°=10°$ ⑭ $100°-43°=57°$ ⑮ $168°-84°=84°$

⑯ $147°-78°=69°$ ⑰ $135°-27°=108°$ ⑱ $172°-105°=67°$

⑲ $164°-116°=48°$ ⑳ $227°-169°=58°$ ㉑ $153°-77°=76°$

㉒ $245°-182°=63°$ ㉓ $233°-104°=129°$ ㉔ $191°-153°=38°$

자기 점수에 ○표 하세요

| 맞힌 개수 | 16개 이하 | 17~20개 | 21~22개 | 23~24개 |
|---|---|---|---|---|
| 학습 방법 | 개념을 다시 공부하세요. | 조금 더 노력 하세요. | 실수하면 안 돼요. | 참 잘했어요. |



## 3일차 B형 계산의 활용-각도의 합과 차

월 일
분 초
/16

※ 정답 14쪽

빈칸에 알맞은 수를 써넣으세요.

① 62°+[31]°=93° ② 47°+[33]°=80°

③ 95°+[49]°=144° ④ 107°+[88]°=195°

⑤ [107]°+76°=183° ⑥ [29]°+96°=125°

⑦ [76]°+168°=244° ⑧ [143]°+108°=251°

⑨ 94°−[42]°=52° ⑩ 104°−[73]°=31°

⑪ 173°−[64]°=109° ⑫ 163°−[58]°=105°

⑬ [145]°−94°=51° ⑭ [255]°−131°=124°

⑮ [221]°−103°=118° ⑯ [298]°−172°=126°

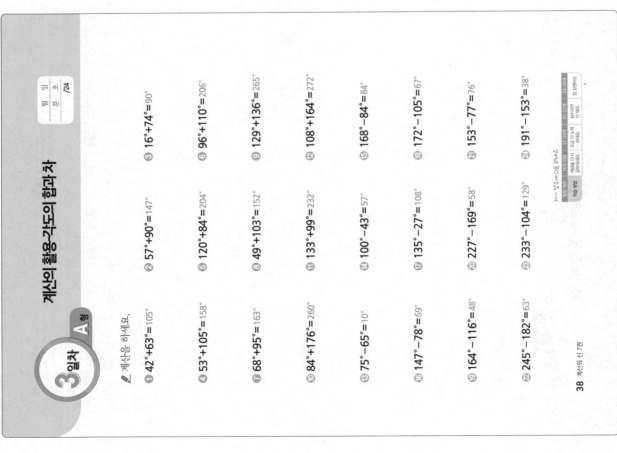

자기 점수에 ○표 하세요

| 맞힌 개수 | 8개 이하 | 9~12개 | 13~14개 | 15~16개 |
|---|---|---|---|---|
| 학습 방법 | 개념을 다시 공부하세요. | 조금 더 노력 하세요. | 실수하면 안 돼요. | 참 잘했어요. |

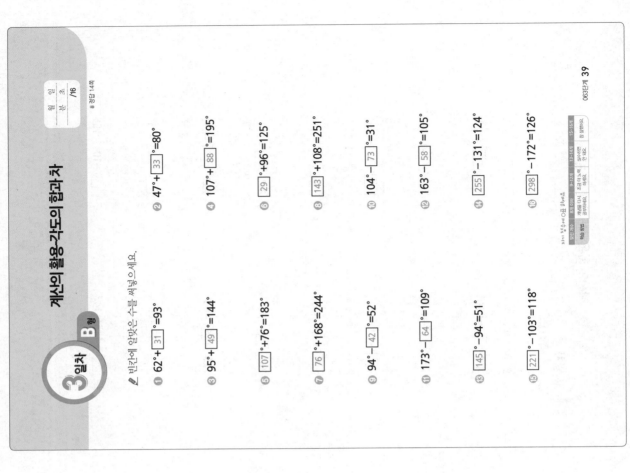

## 4일차 A형 계산의 활용-각도의 합과 차

월 일 / 분 초 / /24

✎ 계산을 하세요.

| | | |
|---|---|---|
| ❶ 80°+42°=122° | ❷ 28°+102°=130° | ❸ 34°+85°=119° |
| ❹ 77°+145°=222° | ❺ 106°+69°=175° | ❻ 123°+57°=180° |
| ❼ 38°+97°=135° | ❽ 76°+78°=154° | ❾ 163°+105°=268° |
| ❿ 129°+144°=273° | ⓫ 152°+88°=240° | ⓬ 154°+109°=263° |
| ⓭ 68°−16°=52° | ⓮ 75°−53°=22° | ⓯ 180°−105°=75° |
| ⓰ 137°−49°=88° | ⓱ 152°−84°=68° | ⓲ 215°−146°=69° |
| ⓳ 196°−157°=39° | ⓴ 201°−112°=89° | ㉑ 184°−99°=85° |
| ㉒ 266°−177°=89° | ㉓ 276°−94°=182° | ㉔ 208°−146°=62° |

자기 점수에 ○표 하세요.

| 맞힌 개수 | 16개 이하 | 17~20개 | 21~22개 | 23~24개 |
|---|---|---|---|---|
| 학습 방법 | 개념을 다시 공부하세요. | 조금 더 노력 하세요. | 실수하면 안 돼요. | 참 잘했어요. |



## 4일차 B형 계산의 활용-각도의 합과 차

월 일 / 분 초 / /16

정답 15쪽

✎ 빈칸에 알맞은 수를 써넣으세요.

| | |
|---|---|
| ❶ 84°+$\boxed{24}$°=108° | ❷ 66°+$\boxed{56}$°=122° |
| ❸ 47°+$\boxed{84}$°=131° | ❹ 94°+$\boxed{96}$°=190° |
| ❺ $\boxed{68}$°+59°=127° | ❻ $\boxed{59}$°+104°=163° |
| ❼ $\boxed{102}$°+159°=261° | ❽ $\boxed{169}$°+101°=270° |
| ❾ 100°−$\boxed{65}$°=35° | ❿ 115°−$\boxed{36}$°=79° |
| ⓫ 142°−$\boxed{54}$°=88° | ⓬ 233°−$\boxed{88}$°=145° |
| ⓭ $\boxed{115}$°−52°=63° | ⓮ $\boxed{181}$°−104°=77° |
| ⓯ $\boxed{280}$°−125°=155° | ⓰ $\boxed{257}$°−138°=119° |

자기 점수에 ○표 하세요.

| 맞힌 개수 | 8개 이하 | 9~12개 | 13~14개 | 15~16개 |
|---|---|---|---|---|
| 학습 방법 | 개념을 다시 공부하세요. | 조금 더 노력 하세요. | 실수하면 안 돼요. | 참 잘했어요. |

## 5일차 A형 계산의 활용-각도의 합과 차

월 일 / 분 초 / /24

✎ 계산을 하세요.

① 27°+81°=108° ② 58°+49°=107° ③ 66°+103°=169°

④ 39°+59°=98° ⑤ 114°+126°=240° ⑥ 136°+152°=288°

⑦ 74°+182°=256° ⑧ 132°+87°=219° ⑨ 145°+127°=272°

⑩ 138°+107°=245° ⑪ 177°+103°=280° ⑫ 129°+155°=284°

⑬ 92°−33°=59° ⑭ 86°−47°=39° ⑮ 116°−74°=42°

⑯ 153°−68°=85° ⑰ 103°−96°=7° ⑱ 190°−108°=82°

⑲ 142°−75°=67° ⑳ 182°−116°=66° ㉑ 236°−147°=89°

㉒ 216°−165°=51° ㉓ 291°−97°=194° ㉔ 232°−178°=54°

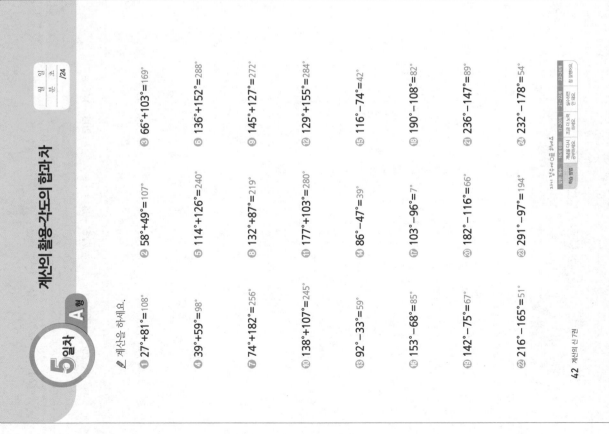

자기 점수에 ○표 하세요

| 맞힌 개수 | 16개 이하 | 17~20개 | 21~22개 | 23~24개 |
|---|---|---|---|---|
| 학습 방법 | 개념을 다시 공부하세요. | 조금 더 노력하세요. | 실수하면 안 돼요. | 참 잘했어요. |



## 5일차 B형 계산의 활용-각도의 합과 차

월 일 / 분 초 / /16

정답 16쪽

이번 단계에서는 계산의 활용으로 각도의 합과 차를 배웠습니다. 다음 단계에서는 (세 자리 수)×(몇십)을 배웁니다.

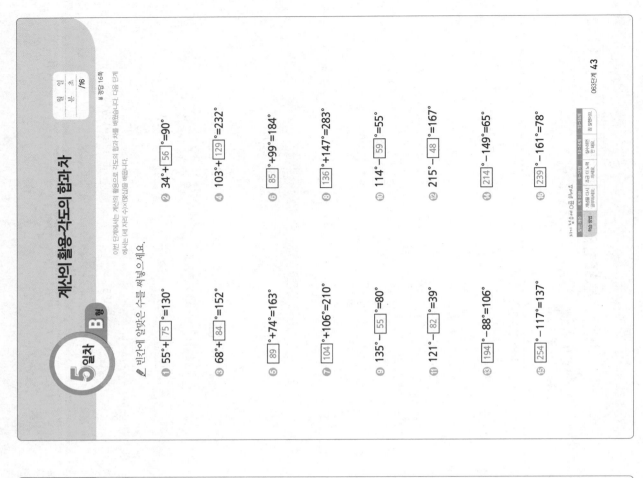

✎ 빈칸에 알맞은 수를 써넣으세요.

① 55°+[75]°=130° ② 34°+[56]°=90°

③ 68°+[84]°=152° ④ 103°+[129]°=232°

⑤ [89]°+74°=163° ⑥ [85]°+99°=184°

⑦ [104]°+106°=210° ⑧ [136]°+147°=283°

⑨ 135°−[55]°=80° ⑩ 114°−[59]°=55°

⑪ 121°−[82]°=39° ⑫ 215°−[48]°=167°

⑬ [194]°−88°=106° ⑭ [214]°−149°=65°

⑮ [254]°−117°=137° ⑯ [239]°−161°=78°

자기 점수에 ○표 하세요

| 맞힌 개수 | 8개 이하 | 9~12개 | 13~14개 | 15~16개 |
|---|---|---|---|---|
| 학습 방법 | 개념을 다시 공부하세요. | 조금 더 노력하세요. | 실수하면 안 돼요. | 참 잘했어요. |

## 세 단계 묶어 풀기 O61 ~ O63단계
### 큰 수 알아보기/각도의 합과 차

월 일
분 초
/10

정답 17쪽

빈칸에 알맞은 수나 말을 써넣으세요.

❶ 23578 = [20000] + 3000 + [500] + [70] + 8

❷ 88164 = [80000] + [8000] + 100 + [60] + 4

❸ 50972 = [50000] + [900] + [70] + 2

❹ 7318억 = [7000억] + 300억 + [10억] + [8억]

❺ 1436억 = [1000억] + [400억] + 30억 + [6억]

❻ 2753조 = [2000조] + [700조] + 50조 + [3조]

❼ 9434조 = [9000조] + [400조] + [30조] + [4조]

계산을 하세요.

❽ 27°+81°= 108°　❾ 138°+107°= 245°　❿ 153°−68°= 85°

# 1일차 A형 (세 자리 수)×(몇십)

월 일 / 분 초 / /18

두 수에 있는 0의 개수를 세어 봐!

곱셈을 하세요.

(만 천 백 십 일)

① 300 × 70 = 21000

② 600 × 90 = 54000

③ 500 × 80 = 40000

④ 700 × 70 = 49000

⑤ 800 × 30 = 24000

⑥ 400 × 80 = 32000

⑦ 600 × 30 = 18000

⑧ 900 × 90 = 81000

⑨ 200 × 80 = 16000

⑩ 167 × 50 = 8350

⑪ 543 × 70 = 38010

⑫ 839 × 30 = 25170

⑬ 294 × 60 = 17640

⑭ 717 × 40 = 28680

⑮ 481 × 20 = 9620

⑯ 638 × 50 = 31900

⑰ 926 × 30 = 27780

⑱ 544 × 80 = 43520

자기 점수에 ○표 하세요

| 맞힌 개수 | 10개 이하 | 11~14개 | 15~16개 | 17~18개 |
|---|---|---|---|---|
| 학습 방법 | 개념을 다시 공부하세요. | 조금 더 노력하세요. | 실수하면 안 돼요. | 참 잘했어요. |



# 1일차 B형 (세 자리 수)×(몇십)

월 일 / 분 초 / /20

(몇)×(몇), (세 자리 수)×(몇)을 한 다음 두 수의 0의 개수만큼 뒤에 붙여 봐!

정답 18쪽

곱셈을 하세요.

① 200×30= 6000

② 400×60= 24000

③ 100×40= 4000

④ 500×20= 10000

⑤ 300×50= 15000

⑥ 700×80= 56000

⑦ 600×20= 12000

⑧ 900×50= 45000

⑨ 800×30= 24000

⑩ 300×70= 21000

⑪ 154×20= 3080

⑫ 417×30= 12510

⑬ 536×40= 21440

⑭ 325×10= 3250

⑮ 718×50= 35900

⑯ 657×80= 52560

⑰ 276×70= 19320

⑱ 453×90= 40770

⑲ 361×60= 21660

⑳ 825×50= 41250

자기 점수에 ○표 하세요

| 맞힌 개수 | 12개 이하 | 13~16개 | 17~18개 | 19~20개 |
|---|---|---|---|---|
| 학습 방법 | 개념을 다시 공부하세요. | 조금 더 노력하세요. | 실수하면 안 돼요. | 참 잘했어요. |

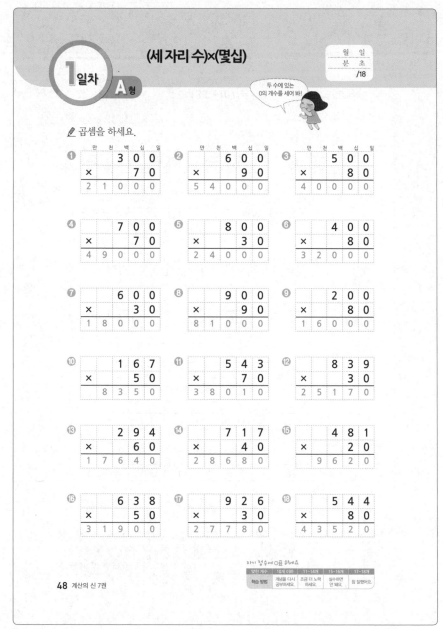

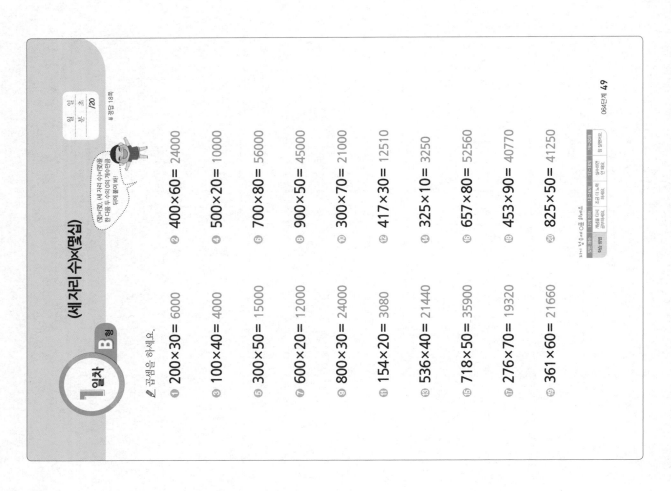

## 2일차 A형

# (세 자리 수)×(몇십)

월 일
분 초
/18

✎ 곱셈을 하세요.

(만 천 백 십 일)

① 200 × 50 = 10000

② 900 × 30 = 27000

③ 600 × 20 = 12000

④ 800 × 90 = 72000

⑤ 400 × 60 = 24000

⑥ 100 × 70 = 7000

⑦ 300 × 60 = 18000

⑧ 900 × 70 = 63000

⑨ 700 × 30 = 21000

⑩ 285 × 40 = 11400

⑪ 398 × 50 = 19900

⑫ 152 × 60 = 9120

⑬ 708 × 30 = 21240

⑭ 940 × 80 = 75200

⑮ 544 × 20 = 10880

⑯ 939 × 80 = 75120

⑰ 567 × 50 = 28350

⑱ 437 × 40 = 17480

자기 점수에 ○표 하세요.

| 맞힌 개수 | 10개 이하 | 11~14개 | 15~16개 | 17~18개 |
|---|---|---|---|---|
| 학습 방법 | 개념을 다시 공부하세요. | 조금 더 노력 하세요. | 실수하면 안 돼요. | 참 잘했어요. |



## 2일차 B형

# (세 자리 수)×(몇십)

월 일
분 초
/20

정답 19쪽

✎ 곱셈을 하세요.

① 500×60= 30000

② 700×20= 14000

③ 400×50= 20000

④ 600×60= 36000

⑤ 900×20= 18000

⑥ 800×70= 56000

⑦ 200×70= 14000

⑧ 100×60= 6000

⑨ 300×50= 15000

⑩ 200×40= 8000

⑪ 733×30= 21990

⑫ 564×50= 28200

⑬ 881×60= 52860

⑭ 993×60= 59580

⑮ 475×90= 42750

⑯ 287×90= 25830

⑰ 368×20= 7360

⑱ 179×40= 7160

⑲ 658×30= 19740

⑳ 472×60= 28320

자기 점수에 ○표 하세요.

| 맞힌 개수 | 12개 이하 | 13~16개 | 17~18개 | 19~20개 |
|---|---|---|---|---|
| 학습 방법 | 개념을 다시 공부하세요. | 조금 더 노력 하세요. | 실수하면 안 돼요. | 참 잘했어요. |

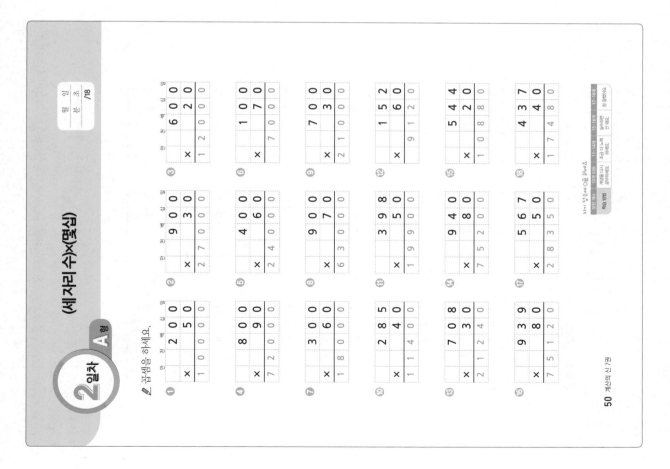

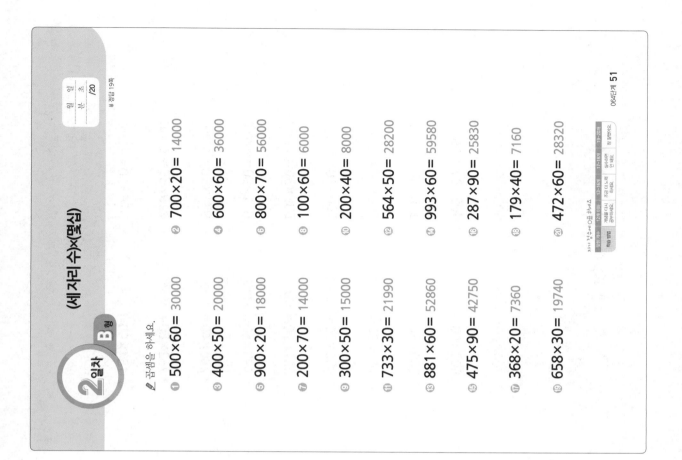

## 3일차 A형 (세 자리 수)×(몇십)

월 일 / 분 초 / /18

✎ 곱셈을 하세요.

1. 900 × 10 = 9000
2. 800 × 40 = 32000
3. 700 × 50 = 35000
4. 500 × 40 = 20000
5. 900 × 90 = 81000
6. 400 × 40 = 16000
7. 800 × 30 = 24000
8. 100 × 20 = 2000
9. 200 × 60 = 12000
10. 572 × 50 = 28600
11. 446 × 20 = 8920
12. 399 × 80 = 31920
13. 638 × 40 = 25520
14. 183 × 70 = 12810
15. 823 × 50 = 41150
16. 918 × 60 = 55080
17. 716 × 30 = 21480
18. 387 × 40 = 15480

자기 점수에 ○표 하세요.

| 맞힌 개수 | 10개 이하 | 11~14개 | 15~16개 | 17~18개 |
|---|---|---|---|---|
| 학습 방법 | 개념을 다시 공부하세요. | 조금 더 노력 하세요. | 실수하면 안 돼요. | 참 잘했어요. |



## 3일차 B형 (세 자리 수)×(몇십)

월 일 / 분 초 / /20

정답 20쪽

✎ 곱셈을 하세요.

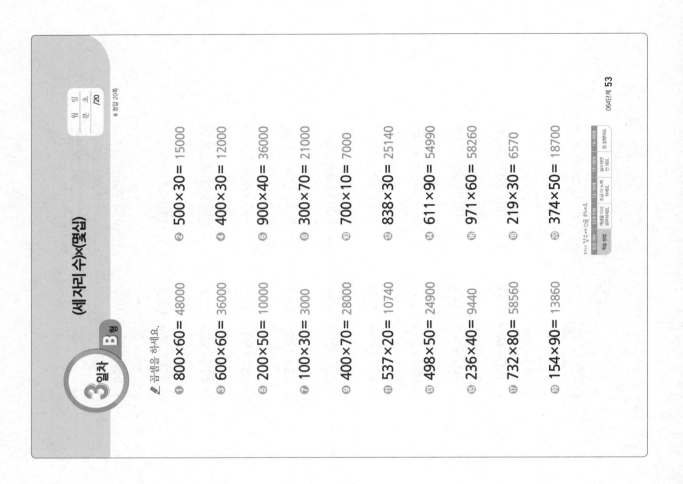

1. 800×60= 48000
2. 500×30= 15000
3. 600×60= 36000
4. 400×30= 12000
5. 200×50= 10000
6. 900×40= 36000
7. 100×30= 3000
8. 300×70= 21000
9. 400×70= 28000
10. 700×10= 7000
11. 537×20= 10740
12. 838×30= 25140
13. 498×50= 24900
14. 611×90= 54990
15. 236×40= 9440
16. 971×60= 58260
17. 732×80= 58560
18. 219×30= 6570
19. 154×90= 13860
20. 374×50= 18700

자기 점수에 ○표 하세요.

| 맞힌 개수 | 12개 이하 | 13~16개 | 17~18개 | 19~20개 |
|---|---|---|---|---|
| 학습 방법 | 개념을 다시 공부하세요. | 조금 더 노력 하세요. | 실수하면 안 돼요. | 참 잘했어요. |

# 4일차 A형 (세 자리 수)×(몇십)

월 일 / 분 초 / /18

곱셈을 하세요.

① 500 × 80 = 40000

② 300 × 90 = 27000

③ 400 × 90 = 36000

④ 700 × 80 = 56000

⑤ 200 × 20 = 4000

⑥ 900 × 20 = 18000

⑦ 700 × 10 = 7000

⑧ 600 × 40 = 24000

⑨ 200 × 60 = 12000

⑩ 824 × 40 = 32960

⑪ 715 × 60 = 42900

⑫ 195 × 70 = 13650

⑬ 569 × 80 = 45520

⑭ 291 × 50 = 14550

⑮ 343 × 30 = 10290

⑯ 671 × 10 = 6710

⑰ 854 × 60 = 51240

⑱ 454 × 70 = 31780

자기 점수에 ○표 하세요.

| 맞힌 개수 | 10개 이하 | 11~14개 | 15~16개 | 17~18개 |
|---|---|---|---|---|
| 학습 방법 | 개념을 다시 공부하세요. | 조금 더 노력하세요. | 실수하면 안 돼요. | 참 잘했어요. |



# 4일차 B형 (세 자리 수)×(몇십)

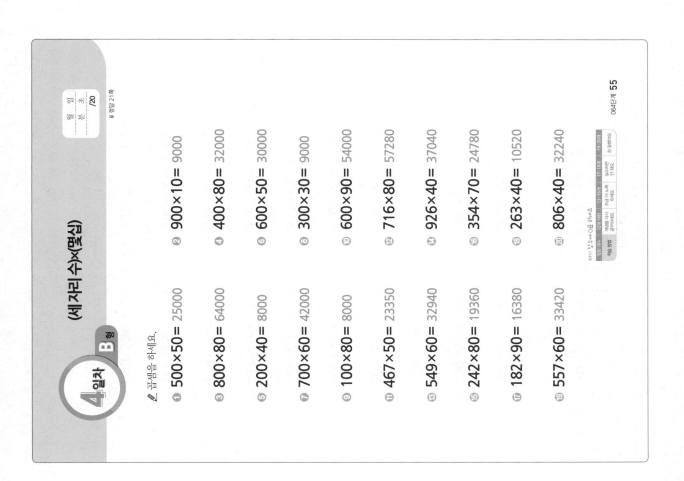

월 일 / 분 초 / /20

정답 21쪽

곱셈을 하세요.

① 500×50= 25000 ② 900×10= 9000

③ 800×80= 64000 ④ 400×80= 32000

⑤ 200×40= 8000 ⑥ 600×50= 30000

⑦ 700×60= 42000 ⑧ 300×30= 9000

⑨ 100×80= 8000 ⑩ 600×90= 54000

⑪ 467×50= 23350 ⑫ 716×80= 57280

⑬ 549×60= 32940 ⑭ 926×40= 37040

⑮ 242×80= 19360 ⑯ 354×70= 24780

⑰ 182×90= 16380 ⑱ 263×40= 10520

⑲ 557×60= 33420 ⑳ 806×40= 32240

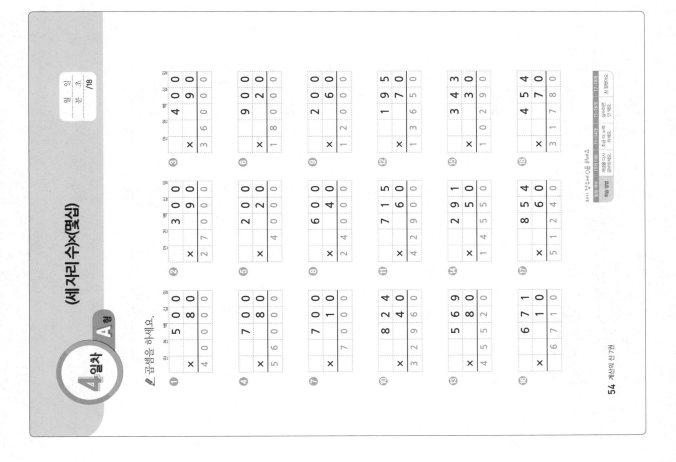

자기 점수에 ○표 하세요.

| 맞힌 개수 | 12개 이하 | 13~16개 | 17~18개 | 19~20개 |
|---|---|---|---|---|
| 학습 방법 | 개념을 다시 공부하세요. | 조금 더 노력하세요. | 실수하면 안 돼요. | 참 잘했어요. |

## 5일차 A형 (세 자리 수)×(몇십)

월 일 / 분 초 / /18

곱셈을 하세요.

| | 만 | 천 | 백 | 십 | 일 |
|---|---|---|---|---|---|
| ① | | | 2 | 0 | 0 |
| | × | | | 9 | 0 |
| | 1 | 8 | 0 | 0 | 0 |
| ② | | | 5 | 0 | 0 |
| | × | | | 3 | 0 |
| | 1 | 5 | 0 | 0 | 0 |
| ③ | | | 6 | 0 | 0 |
| | × | | | 8 | 0 |
| | 4 | 8 | 0 | 0 | 0 |
| ④ | | | 4 | 0 | 0 |
| | × | | | 1 | 0 |
| | | 4 | 0 | 0 | 0 |
| ⑤ | | | 7 | 0 | 0 |
| | × | | | 7 | 0 |
| | 4 | 9 | 0 | 0 | 0 |
| ⑥ | | | 1 | 0 | 0 |
| | × | | | 5 | 0 |
| | | 5 | 0 | 0 | 0 |
| ⑦ | | | 8 | 0 | 0 |
| | × | | | 8 | 0 |
| | 6 | 4 | 0 | 0 | 0 |
| ⑧ | | | 9 | 0 | 0 |
| | × | | | 7 | 0 |
| | 6 | 3 | 0 | 0 | 0 |
| ⑨ | | | 3 | 0 | 0 |
| | × | | | 4 | 0 |
| | 1 | 2 | 0 | 0 | 0 |
| ⑩ | | | 3 | 8 | 8 |
| | × | | | 2 | 0 |
| | | 7 | 7 | 6 | 0 |
| ⑪ | | | 5 | 4 | 9 |
| | × | | | 5 | 0 |
| | 2 | 7 | 4 | 5 | 0 |
| ⑫ | | | 2 | 7 | 3 |
| | × | | | 8 | 0 |
| | 2 | 1 | 8 | 4 | 0 |
| ⑬ | | | 9 | 4 | 2 |
| | × | | | 6 | 0 |
| | 5 | 6 | 5 | 2 | 0 |
| ⑭ | | | 7 | 3 | 0 |
| | × | | | 8 | 0 |
| | 5 | 8 | 4 | 0 | 0 |
| ⑮ | | | 1 | 6 | 8 |
| | × | | | 6 | 0 |
| | 1 | 0 | 0 | 8 | 0 |
| ⑯ | | | 4 | 5 | 7 |
| | × | | | 3 | 0 |
| | 1 | 3 | 7 | 1 | 0 |
| ⑰ | | | 6 | 8 | 3 |
| | × | | | 5 | 0 |
| | 3 | 4 | 1 | 5 | 0 |
| ⑱ | | | 8 | 7 | 8 |
| | × | | | 4 | 0 |
| | 3 | 5 | 1 | 2 | 0 |

자기 점수에 ○표 하세요.

| 맞힌 개수 | 10개 이하 | 11~14개 | 15~16개 | 17~18개 |
|---|---|---|---|---|
| 학습 방법 | 개념을 다시 공부하세요. | 조금 더 노력 하세요. | 실수하면 안 돼요. | 참 잘했어요. |



## 5일차 B형 (세 자리 수)×(몇십)

월 일 / 분 초 / /20

정답 22쪽

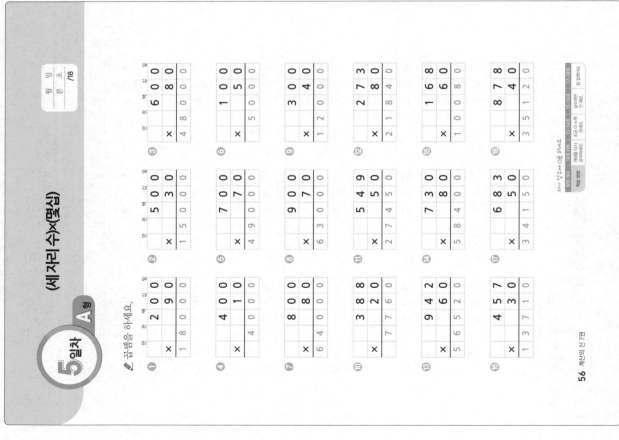

이번 단계에서는 (세 자리 수)×(몇십)을 배웠습니다. 다음 단계에서는 (세 자리 수)×(두 자리 수)를 배웁니다.

곱셈을 하세요.

① 400×40= 16000 ② 600×10= 6000

③ 900×50= 45000 ④ 300×50= 15000

⑤ 800×10= 8000 ⑥ 200×40= 8000

⑦ 900×80= 72000 ⑧ 700×50= 35000

⑨ 300×40= 12000 ⑩ 500×50= 25000

⑪ 922×40= 36880 ⑫ 371×50= 18550

⑬ 432×10= 4320 ⑭ 859×20= 17180

⑮ 336×70= 23520 ⑯ 685×90= 61650

⑰ 147×80= 11760 ⑱ 508×60= 30480

⑲ 740×50= 37000 ⑳ 931×30= 27930

자기 점수에 ○표 하세요.

| 맞힌 개수 | 12개 이하 | 13~16개 | 17~18개 | 19~20개 |
|---|---|---|---|---|
| 학습 방법 | 개념을 다시 공부하세요. | 조금 더 노력 하세요. | 실수하면 안 돼요. | 참 잘했어요. |

# 1일차 A형 (세 자리 수)×(두 자리 수)

월 일 / 분 초 / /12

자릿수가 커져도 차근차근 계산하면 돼!

곱셈을 하세요.

❶
| 만 | 천 | 백 | 십 | 일 |
|---|---|---|---|---|
| | | 1 | 6 | 3 |
| × | | | 4 | 2 |
| | | 3 | 2 | 6 |
| | 6 | 5 | 2 | |
| | 6 | 8 | 4 | 6 |

❷
| 만 | 천 | 백 | 십 | 일 |
|---|---|---|---|---|
| | | 5 | 5 | 2 |
| × | | | 2 | 2 |
| | 1 | 1 | 0 | 4 |
| 1 | 1 | 0 | 4 | |
| 1 | 2 | 1 | 4 | 4 |

❸
| 만 | 천 | 백 | 십 | 일 |
|---|---|---|---|---|
| | | 6 | 0 | 8 |
| × | | | 3 | 1 |
| | | 6 | 0 | 8 |
| 1 | 8 | 2 | 4 | |
| 1 | 8 | 8 | 4 | 8 |

❹
| | | | | |
|---|---|---|---|---|
| | | 2 | 5 | 8 |
| × | | | 4 | 3 |
| | | 7 | 7 | 4 |
| 1 | 0 | 3 | 2 | |
| 1 | 1 | 0 | 9 | 4 |

❺
| | | | | |
|---|---|---|---|---|
| | | 4 | 6 | 6 |
| × | | | 4 | 5 |
| | 2 | 3 | 3 | 0 |
| 1 | 8 | 6 | 4 | |
| 2 | 0 | 9 | 7 | 0 |

❻
| | | | | |
|---|---|---|---|---|
| | | 8 | 4 | 7 |
| × | | | 4 | 6 |
| | 5 | 0 | 8 | 2 |
| 3 | 3 | 8 | 8 | |
| 3 | 8 | 9 | 6 | 2 |

❼
| | | | | |
|---|---|---|---|---|
| | | 2 | 4 | 2 |
| × | | | 6 | 4 |
| | | 9 | 6 | 8 |
| 1 | 4 | 5 | 2 | |
| 1 | 5 | 4 | 8 | 8 |

❽
| | | | | |
|---|---|---|---|---|
| | | 6 | 4 | 1 |
| × | | | 1 | 8 |
| | 5 | 1 | 2 | 8 |
| | 6 | 4 | 1 | |
| 1 | 1 | 5 | 3 | 8 |

❾
| | | | | |
|---|---|---|---|---|
| | | 7 | 2 | 8 |
| × | | | 7 | 6 |
| | 4 | 3 | 6 | 8 |
| 5 | 0 | 9 | 6 | |
| 5 | 5 | 3 | 2 | 8 |

❿
| | | | | |
|---|---|---|---|---|
| | | 8 | 4 | 7 |
| × | | | 3 | 8 |
| | 6 | 7 | 7 | 6 |
| 2 | 5 | 4 | 1 | |
| 3 | 2 | 1 | 8 | 6 |

⓫
| | | | | |
|---|---|---|---|---|
| | | 3 | 4 | 7 |
| × | | | 6 | 3 |
| | 1 | 0 | 4 | 1 |
| 2 | 0 | 8 | 2 | |
| 2 | 1 | 8 | 6 | 1 |

⓬
| | | | | |
|---|---|---|---|---|
| | | 2 | 1 | 8 |
| × | | | 9 | 2 |
| | | 4 | 3 | 6 |
| 1 | 9 | 6 | 2 | |
| 2 | 0 | 0 | 5 | 6 |

자기 점수에 ○표 하세요.

| 맞힌 개수 | 6개 이하 | 7~8개 | 9~10개 | 11~12개 |
|---|---|---|---|---|
| 학습 방법 | 개념을 다시 공부하세요. | 조금 더 노력하세요. | 실수하면 안 돼요. | 참 잘했어요. |



# 1일차 B형 (세 자리 수)×(두 자리 수)

월 일 / 분 초 / /9

글씨를 또박또박 쓰면 계산도 잘 돼!

정답 23쪽

곱셈을 하세요.

❶ 282×29
| | | | | |
|---|---|---|---|---|
| | | 2 | 8 | 2 |
| × | | | 2 | 9 |
| | 2 | 5 | 3 | 8 |
| | 5 | 6 | 4 | |
| | 8 | 1 | 7 | 8 |

❷ 947×11
| | | | | |
|---|---|---|---|---|
| | | 9 | 4 | 7 |
| × | | | 1 | 1 |
| | | 9 | 4 | 7 |
| | 9 | 4 | 7 | |
| 1 | 0 | 4 | 1 | 7 |

❸ 577×81
| | | | | |
|---|---|---|---|---|
| | | 5 | 7 | 7 |
| × | | | 8 | 1 |
| | | 5 | 7 | 7 |
| 4 | 6 | 1 | 6 | |
| 4 | 6 | 7 | 3 | 7 |

❹ 477×99
| | | | | |
|---|---|---|---|---|
| | | 4 | 7 | 7 |
| × | | | 9 | 9 |
| | 4 | 2 | 9 | 3 |
| 4 | 2 | 9 | 3 | |
| 4 | 7 | 2 | 2 | 3 |

❺ 502×38
| | | | | |
|---|---|---|---|---|
| | | 5 | 0 | 2 |
| × | | | 3 | 8 |
| | 4 | 0 | 1 | 6 |
| 1 | 5 | 0 | 6 | |
| 1 | 9 | 0 | 7 | 6 |

❻ 369×87
| | | | | |
|---|---|---|---|---|
| | | 3 | 6 | 9 |
| × | | | 8 | 7 |
| | 2 | 5 | 8 | 3 |
| 2 | 9 | 5 | 2 | |
| 3 | 2 | 1 | 0 | 3 |

❼ 884×42
| | | | | |
|---|---|---|---|---|
| | | 8 | 8 | 4 |
| × | | | 4 | 2 |
| | 1 | 7 | 6 | 8 |
| 3 | 5 | 3 | 6 | |
| 3 | 7 | 1 | 2 | 8 |

❽ 592×96
| | | | | |
|---|---|---|---|---|
| | | 5 | 9 | 2 |
| × | | | 9 | 6 |
| | 3 | 5 | 5 | 2 |
| 5 | 3 | 2 | 8 | |
| 5 | 6 | 8 | 3 | 2 |

❾ 894×47
| | | | | |
|---|---|---|---|---|
| | | 8 | 9 | 4 |
| × | | | 4 | 7 |
| | 6 | 2 | 5 | 8 |
| 3 | 5 | 7 | 6 | |
| 4 | 2 | 0 | 1 | 8 |

자기 점수에 ○표 하세요.

| 맞힌 개수 | 4개 이하 | 5~6개 | 7~8개 | 9개 |
|---|---|---|---|---|
| 학습 방법 | 개념을 다시 공부하세요. | 조금 더 노력하세요. | 실수하면 안 돼요. | 참 잘했어요. |

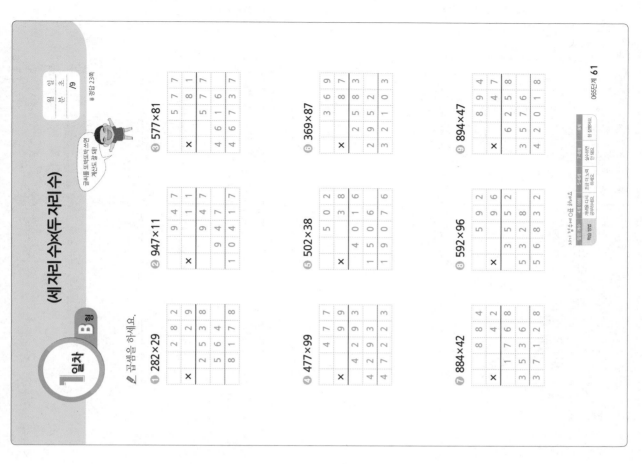

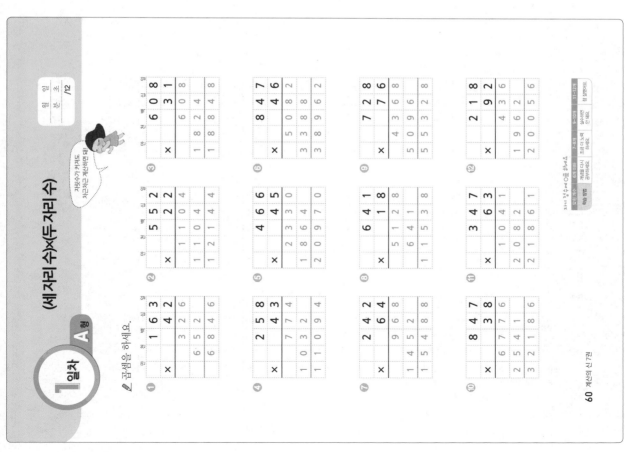

## 2일차 A형 (세 자리 수)×(두 자리 수)

월 일 / 분 초 / /12

곱셈을 하세요.

❶
| 만 | 천 | 백 | 십 | 일 |
|---|---|---|---|---|
| | | 5 | 1 | 5 |
| × | | | 7 | 7 |
| | 3 | 6 | 0 | 5 |
| 3 | 6 | 0 | 5 | |
| 3 | 9 | 6 | 5 | 5 |

❷
| 만 | 천 | 백 | 십 | 일 |
|---|---|---|---|---|
| | | 5 | 4 | 1 |
| × | | | 2 | 8 |
| | 4 | 3 | 2 | 8 |
| 1 | 0 | 8 | 2 | |
| 1 | 5 | 1 | 4 | 8 |

❸
| 만 | 천 | 백 | 십 | 일 |
|---|---|---|---|---|
| | | 4 | 5 | 9 |
| × | | | 7 | 3 |
| | 1 | 3 | 7 | 7 |
| 3 | 2 | 1 | 3 | |
| 3 | 3 | 5 | 0 | 7 |

❹
| | | | | |
|---|---|---|---|---|
| | | 4 | 4 | 8 |
| × | | | 4 | 1 |
| | | 4 | 4 | 8 |
| 1 | 7 | 9 | 2 | |
| 1 | 8 | 3 | 6 | 8 |

❺
| | | | | |
|---|---|---|---|---|
| | | 8 | 8 | 1 |
| × | | | 6 | 7 |
| | 6 | 1 | 6 | 7 |
| 5 | 2 | 8 | 6 | |
| 5 | 9 | 0 | 2 | 7 |

❻
| | | | | |
|---|---|---|---|---|
| | | 5 | 8 | 0 |
| × | | | 5 | 6 |
| | 3 | 4 | 8 | 0 |
| 2 | 9 | 0 | 0 | |
| 3 | 2 | 4 | 8 | 0 |

❼
| | | | | |
|---|---|---|---|---|
| | | 6 | 3 | 7 |
| × | | | 2 | 2 |
| | 1 | 2 | 7 | 4 |
| 1 | 2 | 7 | 4 | |
| 1 | 4 | 0 | 1 | 4 |

❽
| | | | | |
|---|---|---|---|---|
| | | 5 | 4 | 2 |
| × | | | 4 | 3 |
| | 1 | 6 | 2 | 6 |
| 2 | 1 | 6 | 8 | |
| 2 | 3 | 3 | 0 | 6 |

❾
| | | | | |
|---|---|---|---|---|
| | | 2 | 8 | 4 |
| × | | | 7 | 9 |
| | 2 | 5 | 5 | 6 |
| 1 | 9 | 8 | 8 | |
| 2 | 2 | 4 | 3 | 6 |

❿
| | | | | |
|---|---|---|---|---|
| | | 4 | 3 | 6 |
| × | | | 2 | 8 |
| | 3 | 4 | 8 | 8 |
| | 8 | 7 | 2 | |
| 1 | 2 | 2 | 0 | 8 |

⓫
| | | | | |
|---|---|---|---|---|
| | | 7 | 8 | 4 |
| × | | | 7 | 2 |
| | 1 | 5 | 6 | 8 |
| 5 | 4 | 8 | 8 | |
| 5 | 6 | 4 | 4 | 8 |

⓬
| | | | | |
|---|---|---|---|---|
| | | 9 | 6 | 2 |
| × | | | 9 | 3 |
| | 2 | 8 | 8 | 6 |
| 8 | 6 | 5 | 8 | |
| 8 | 9 | 4 | 6 | 6 |

자기 점수에 ○표 하세요

| 맞힌 개수 | 6개 이하 | 7~8개 | 9~10개 | 11~12개 |
|---|---|---|---|---|
| 학습 방법 | 개념을 다시 공부하세요. | 조금 더 노력 하세요. | 실수하면 안 돼요. | 참 잘했어요. |



## 2일차 B형 (세 자리 수)×(두 자리 수)

월 일 / 분 초 / /9

정답 24쪽

곱셈을 하세요.

❶ 996×71
| | | | | |
|---|---|---|---|---|
| | | 9 | 9 | 6 |
| × | | | 7 | 1 |
| | | 9 | 9 | 6 |
| 6 | 9 | 7 | 2 | |
| 7 | 0 | 7 | 1 | 6 |

❷ 879×88
| | | | | |
|---|---|---|---|---|
| | | 8 | 7 | 9 |
| × | | | 8 | 8 |
| | 7 | 0 | 3 | 2 |
| 7 | 0 | 3 | 2 | |
| 7 | 7 | 3 | 5 | 2 |

❸ 422×72
| | | | | |
|---|---|---|---|---|
| | | 4 | 2 | 2 |
| × | | | 7 | 2 |
| | | 8 | 4 | 4 |
| 2 | 9 | 5 | 4 | |
| 3 | 0 | 3 | 8 | 4 |

❹ 564×27
| | | | | |
|---|---|---|---|---|
| | | 5 | 6 | 4 |
| × | | | 2 | 7 |
| | 3 | 9 | 4 | 8 |
| 1 | 1 | 2 | 8 | |
| 1 | 5 | 2 | 2 | 8 |

❺ 166×42
| | | | | |
|---|---|---|---|---|
| | | 1 | 6 | 6 |
| × | | | 4 | 2 |
| | | 3 | 3 | 2 |
| | 6 | 6 | 4 | |
| | 6 | 9 | 7 | 2 |

❻ 728×92
| | | | | |
|---|---|---|---|---|
| | | 7 | 2 | 8 |
| × | | | 9 | 2 |
| | 1 | 4 | 5 | 6 |
| 6 | 5 | 5 | 2 | |
| 6 | 6 | 9 | 7 | 6 |

❼ 267×79
| | | | | |
|---|---|---|---|---|
| | | 2 | 6 | 7 |
| × | | | 7 | 9 |
| | 2 | 4 | 0 | 3 |
| 1 | 8 | 6 | 9 | |
| 2 | 1 | 0 | 9 | 3 |

❽ 129×52
| | | | | |
|---|---|---|---|---|
| | | 1 | 2 | 9 |
| × | | | 5 | 2 |
| | | 2 | 5 | 8 |
| | 6 | 4 | 5 | |
| | 6 | 7 | 0 | 8 |

❾ 752×15
| | | | | |
|---|---|---|---|---|
| | | 7 | 5 | 2 |
| × | | | 1 | 5 |
| | 3 | 7 | 6 | 0 |
| | 7 | 5 | 2 | |
| 1 | 1 | 2 | 8 | 0 |

자기 점수에 ○표 하세요

| 맞힌 개수 | 4개 이하 | 5~6개 | 7~8개 | 9개 |
|---|---|---|---|---|
| 학습 방법 | 개념을 다시 공부하세요. | 조금 더 노력 하세요. | 실수하면 안 돼요. | 참 잘했어요. |

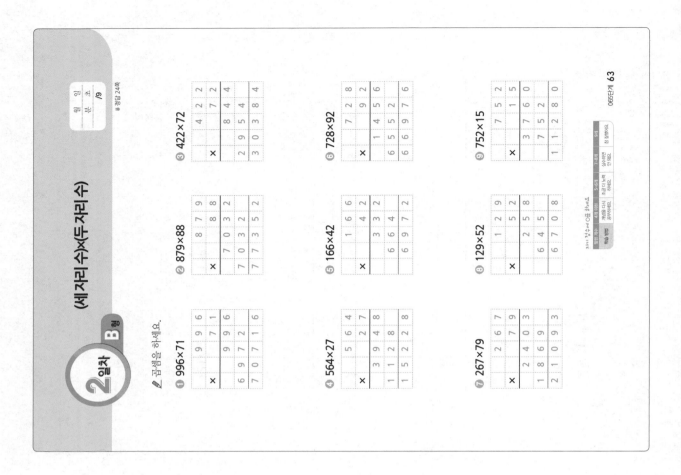

## 3일차 A형 (세 자리 수)×(두 자리 수)

월 일 / 분 초 / /12

곱셈을 하세요.

①

| 만 | 천 | 백 | 십 | 일 |
|---|---|---|---|---|
| | | 8 | 9 | 1 |
| × | | | 3 | 4 |
| | 3 | 5 | 6 | 4 |
| 2 | 6 | 7 | 3 | |
| 3 | 0 | 2 | 9 | 4 |

②

| 만 | 천 | 백 | 십 | 일 |
|---|---|---|---|---|
| | | 4 | 3 | 6 |
| × | | | 2 | 8 |
| | 3 | 4 | 8 | 8 |
| | 8 | 7 | 2 | |
| 1 | 2 | 2 | 0 | 8 |

③

| 만 | 천 | 백 | 십 | 일 |
|---|---|---|---|---|
| | | 3 | 4 | 5 |
| × | | | 1 | 6 |
| | 2 | 0 | 7 | 0 |
| | 3 | 4 | 5 | |
| | 5 | 5 | 2 | 0 |

④

| | | | | |
|---|---|---|---|---|
| | | 2 | 9 | 1 |
| × | | | 9 | 5 |
| | 1 | 4 | 5 | 5 |
| 2 | 6 | 1 | 9 | |
| 2 | 7 | 6 | 4 | 5 |

⑤

| | | | | |
|---|---|---|---|---|
| | | 4 | 6 | 4 |
| × | | | 5 | 7 |
| | 3 | 2 | 4 | 8 |
| 2 | 3 | 2 | 0 | |
| 2 | 6 | 4 | 4 | 8 |

⑥

| | | | | |
|---|---|---|---|---|
| | | 3 | 5 | 7 |
| × | | | 9 | 4 |
| | 1 | 4 | 2 | 8 |
| 3 | 2 | 1 | 3 | |
| 3 | 3 | 5 | 5 | 8 |

⑦

| | | | | |
|---|---|---|---|---|
| | | 7 | 8 | 4 |
| × | | | 7 | 2 |
| | 1 | 5 | 6 | 8 |
| 5 | 4 | 8 | 8 | |
| 5 | 6 | 4 | 4 | 8 |

⑧

| | | | | |
|---|---|---|---|---|
| | | 4 | 1 | 9 |
| × | | | 9 | 2 |
| | | 8 | 3 | 8 |
| 3 | 7 | 7 | 1 | |
| 3 | 8 | 5 | 4 | 8 |

⑨

| | | | | |
|---|---|---|---|---|
| | | 2 | 3 | 8 |
| × | | | 5 | 4 |
| | | 9 | 5 | 2 |
| 1 | 1 | 9 | 0 | |
| 1 | 2 | 8 | 5 | 2 |

⑩

| | | | | |
|---|---|---|---|---|
| | | 6 | 6 | 3 |
| × | | | 7 | 3 |
| | 1 | 9 | 8 | 9 |
| 4 | 6 | 4 | 1 | |
| 4 | 8 | 3 | 9 | 9 |

⑪

| | | | | |
|---|---|---|---|---|
| | | 9 | 2 | 3 |
| × | | | 3 | 3 |
| | 2 | 7 | 6 | 9 |
| 2 | 7 | 6 | 9 | |
| 3 | 0 | 4 | 5 | 9 |

⑫

| | | | | |
|---|---|---|---|---|
| | | 4 | 2 | 2 |
| × | | | 6 | 4 |
| | 1 | 6 | 8 | 8 |
| 2 | 5 | 3 | 2 | |
| 2 | 7 | 0 | 0 | 8 |

자기 점수에 ○표 하세요

| 맞힌 개수 | 6개 이하 | 7~8개 | 9~10개 | 11~12개 |
|---|---|---|---|---|
| 학습 방법 | 개념을 다시 공부하세요. | 조금 더 노력 하세요. | 실수하면 안 돼요. | 참 잘했어요. |



## 3일차 B형 (세 자리 수)×(두 자리 수)

월 일 / 분 초 / /9

※ 정답 25쪽

곱셈을 하세요.

① 936×49

| | | | | |
|---|---|---|---|---|
| | | 9 | 3 | 6 |
| × | | | 4 | 9 |
| | 8 | 4 | 2 | 4 |
| 3 | 7 | 4 | 4 | |
| 4 | 5 | 8 | 6 | 4 |

② 402×57

| | | | | |
|---|---|---|---|---|
| | | 4 | 0 | 2 |
| × | | | 5 | 7 |
| | 2 | 8 | 1 | 4 |
| 2 | 0 | 1 | 0 | |
| 2 | 2 | 9 | 1 | 4 |

③ 511×83

| | | | | |
|---|---|---|---|---|
| | | 5 | 1 | 1 |
| × | | | 8 | 3 |
| | 1 | 5 | 3 | 3 |
| 4 | 0 | 8 | 8 | |
| 4 | 2 | 4 | 1 | 3 |

④ 368×47

| | | | | |
|---|---|---|---|---|
| | | 3 | 6 | 8 |
| × | | | 4 | 7 |
| | 2 | 5 | 7 | 6 |
| 1 | 4 | 7 | 2 | |
| 1 | 7 | 2 | 9 | 6 |

⑤ 686×66

| | | | | |
|---|---|---|---|---|
| | | 6 | 8 | 6 |
| × | | | 6 | 6 |
| | 4 | 1 | 1 | 6 |
| 4 | 1 | 1 | 6 | |
| 4 | 5 | 2 | 7 | 6 |

⑥ 234×48

| | | | | |
|---|---|---|---|---|
| | | 2 | 3 | 4 |
| × | | | 4 | 8 |
| | 1 | 8 | 7 | 2 |
| | 9 | 3 | 6 | |
| 1 | 1 | 2 | 3 | 2 |

⑦ 827×54

| | | | | |
|---|---|---|---|---|
| | | 8 | 2 | 7 |
| × | | | 5 | 4 |
| | 3 | 3 | 0 | 8 |
| 4 | 1 | 3 | 5 | |
| 4 | 4 | 6 | 5 | 8 |

⑧ 726×65

| | | | | |
|---|---|---|---|---|
| | | 7 | 2 | 6 |
| × | | | 6 | 5 |
| | 3 | 6 | 3 | 0 |
| 4 | 3 | 5 | 6 | |
| 4 | 7 | 1 | 9 | 0 |

⑨ 463×57

| | | | | |
|---|---|---|---|---|
| | | 4 | 6 | 3 |
| × | | | 5 | 7 |
| | 3 | 2 | 4 | 1 |
| 2 | 3 | 1 | 5 | |
| 2 | 6 | 3 | 9 | 1 |

자기 점수에 ○표 하세요

| 맞힌 개수 | 4개 이하 | 5~6개 | 7~8개 | 9개 |
|---|---|---|---|---|
| 학습 방법 | 개념을 다시 공부하세요. | 조금 더 노력 하세요. | 실수하면 안 돼요. | 참 잘했어요. |

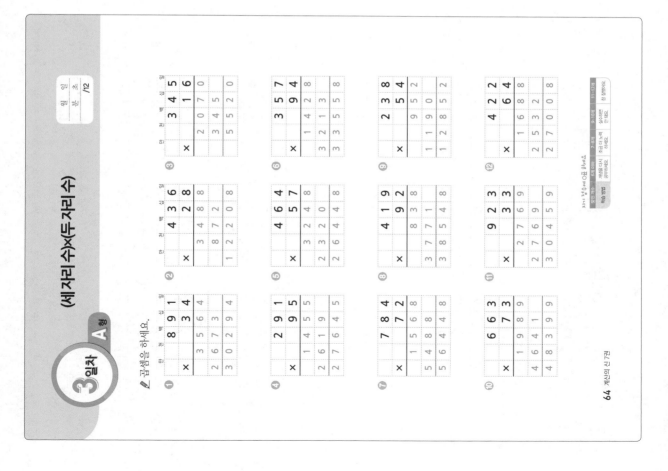

# 4일차 A형 (세 자리 수)×(두 자리 수)

월 일
분 초
/12

곱셈을 하세요.

❶

| 만 | 천 | 백 | 십 | 일 |
|---|---|---|---|---|
| | | 7 | 4 | 8 |
| × | | | 2 | 9 |
| | 6 | 7 | 3 | 2 |
| 1 | 4 | 9 | 6 | |
| 2 | 1 | 6 | 9 | 2 |

❷

| 만 | 천 | 백 | 십 | 일 |
|---|---|---|---|---|
| | | 3 | 2 | 8 |
| × | | | 6 | 2 |
| | | 6 | 5 | 6 |
| 1 | 9 | 6 | 8 | |
| 2 | 0 | 3 | 3 | 6 |

❸

| 만 | 천 | 백 | 십 | 일 |
|---|---|---|---|---|
| | | 5 | 4 | 7 |
| × | | | 3 | 8 |
| | 4 | 3 | 7 | 6 |
| 1 | 6 | 4 | 1 | |
| 2 | 0 | 7 | 8 | 6 |

❹

| | | | | |
|---|---|---|---|---|
| | | 8 | 8 | 4 |
| × | | | 7 | 3 |
| | 2 | 6 | 5 | 2 |
| 6 | 1 | 8 | 8 | |
| 6 | 4 | 5 | 3 | 2 |

❺

| | | | | |
|---|---|---|---|---|
| | | 4 | 4 | 8 |
| × | | | 6 | 8 |
| | 3 | 5 | 8 | 4 |
| 2 | 6 | 8 | 8 | |
| 3 | 0 | 4 | 6 | 4 |

❻

| | | | | |
|---|---|---|---|---|
| | | 6 | 3 | 5 |
| × | | | 4 | 1 |
| | | 6 | 3 | 5 |
| 2 | 5 | 4 | 0 | |
| 2 | 6 | 0 | 3 | 5 |

❼

| | | | | |
|---|---|---|---|---|
| | | 1 | 8 | 5 |
| × | | | 3 | 8 |
| | 1 | 4 | 8 | 0 |
| | 5 | 5 | 5 | |
| | 7 | 0 | 3 | 0 |

❽

| | | | | |
|---|---|---|---|---|
| | | 2 | 9 | 8 |
| × | | | 4 | 7 |
| | 2 | 0 | 8 | 6 |
| 1 | 1 | 9 | 2 | |
| 1 | 4 | 0 | 0 | 6 |

❾

| | | | | |
|---|---|---|---|---|
| | | 9 | 2 | 3 |
| × | | | 6 | 6 |
| | 5 | 5 | 3 | 8 |
| 5 | 5 | 3 | 8 | |
| 6 | 0 | 9 | 1 | 8 |

❿

| | | | | |
|---|---|---|---|---|
| | | 7 | 1 | 4 |
| × | | | 2 | 9 |
| | 6 | 4 | 2 | 6 |
| 1 | 4 | 2 | 8 | |
| 2 | 0 | 7 | 0 | 6 |

⓫

| | | | | |
|---|---|---|---|---|
| | | 3 | 5 | 4 |
| × | | | 6 | 3 |
| | 1 | 0 | 6 | 2 |
| 2 | 1 | 2 | 4 | |
| 2 | 2 | 3 | 0 | 2 |

⓬

| | | | | |
|---|---|---|---|---|
| | | 9 | 0 | 2 |
| × | | | 2 | 8 |
| | 7 | 2 | 1 | 6 |
| 1 | 8 | 0 | 4 | |
| 2 | 5 | 2 | 5 | 6 |

자기 점수에 ○표 하세요.

| 맞힌 개수 | 6개 이하 | 7~8개 | 9~10개 | 11~12개 |
|---|---|---|---|---|
| 학습 방법 | 개념을 다시 공부하세요. | 조금 더 노력하세요. | 실수하면 안 돼요. | 참 잘했어요. |

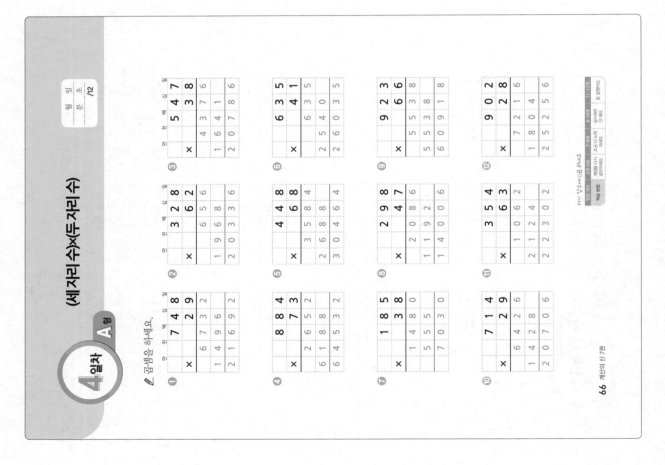

# 4일차 B형 (세 자리 수)×(두 자리 수)

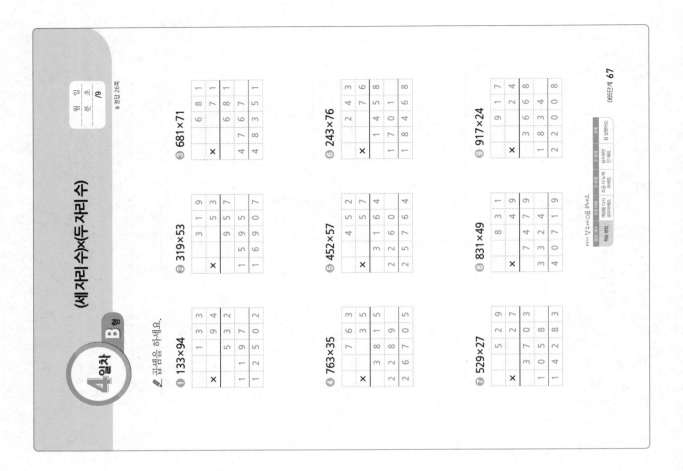

월 일
분 초
/9

정답 26쪽

곱셈을 하세요.

❶ 133×94

| | | | | |
|---|---|---|---|---|
| | | 1 | 3 | 3 |
| × | | | 9 | 4 |
| | | 5 | 3 | 2 |
| 1 | 1 | 9 | 7 | |
| 1 | 2 | 5 | 0 | 2 |

❷ 319×53

| | | | | |
|---|---|---|---|---|
| | | 3 | 1 | 9 |
| × | | | 5 | 3 |
| | | 9 | 5 | 7 |
| 1 | 5 | 9 | 5 | |
| 1 | 6 | 9 | 0 | 7 |

❸ 681×71

| | | | | |
|---|---|---|---|---|
| | | 6 | 8 | 1 |
| × | | | 7 | 1 |
| | | 6 | 8 | 1 |
| 4 | 7 | 6 | 7 | |
| 4 | 8 | 3 | 5 | 1 |

❹ 763×35

| | | | | |
|---|---|---|---|---|
| | | 7 | 6 | 3 |
| × | | | 3 | 5 |
| | 3 | 8 | 1 | 5 |
| 2 | 2 | 8 | 9 | |
| 2 | 6 | 7 | 0 | 5 |

❺ 452×57

| | | | | |
|---|---|---|---|---|
| | | 4 | 5 | 2 |
| × | | | 5 | 7 |
| | 3 | 1 | 6 | 4 |
| 2 | 2 | 6 | 0 | |
| 2 | 5 | 7 | 6 | 4 |

❻ 243×76

| | | | | |
|---|---|---|---|---|
| | | 2 | 4 | 3 |
| × | | | 7 | 6 |
| | 1 | 4 | 5 | 8 |
| 1 | 7 | 0 | 1 | |
| 1 | 8 | 4 | 6 | 8 |

❼ 529×27

| | | | | |
|---|---|---|---|---|
| | | 5 | 2 | 9 |
| × | | | 2 | 7 |
| | 3 | 7 | 0 | 3 |
| 1 | 0 | 5 | 8 | |
| 1 | 4 | 2 | 8 | 3 |

❽ 831×49

| | | | | |
|---|---|---|---|---|
| | | 8 | 3 | 1 |
| × | | | 4 | 9 |
| | 7 | 4 | 7 | 9 |
| 3 | 3 | 2 | 4 | |
| 4 | 0 | 7 | 1 | 9 |

❾ 917×24

| | | | | |
|---|---|---|---|---|
| | | 9 | 1 | 7 |
| × | | | 2 | 4 |
| | 3 | 6 | 6 | 8 |
| 1 | 8 | 3 | 4 | |
| 2 | 2 | 0 | 0 | 8 |

자기 점수에 ○표 하세요.

| 맞힌 개수 | 4개 이하 | 5~6개 | 7~8개 | 9개 |
|---|---|---|---|---|
| 학습 방법 | 개념을 다시 공부하세요. | 조금 더 노력하세요. | 실수하면 안 돼요. | 참 잘했어요. |

## 5일차 A형

# (세 자리 수)×(두 자리 수)

월 일
분 초
/12

곱셈을 하세요.

❶

| 만 | 천 | 백 | 십 | 일 |
|---|---|---|---|---|
| | | 3 | 3 | 9 |
| × | | | 5 | 7 |
| | 2 | 3 | 7 | 3 |
| 1 | 6 | 9 | 5 | |
| 1 | 9 | 3 | 2 | 3 |

❷

| 만 | 천 | 백 | 십 | 일 |
|---|---|---|---|---|
| | | 1 | 7 | 9 |
| × | | | 2 | 6 |
| | 1 | 0 | 7 | 4 |
| | 3 | 5 | 8 | |
| | 4 | 6 | 5 | 4 |

❸

| 만 | 천 | 백 | 십 | 일 |
|---|---|---|---|---|
| | | 4 | 3 | 9 |
| × | | | 5 | 4 |
| | 1 | 7 | 5 | 6 |
| 2 | 1 | 9 | 5 | |
| 2 | 3 | 7 | 0 | 6 |

❹

| | | | | |
|---|---|---|---|---|
| | | 5 | 4 | 7 |
| × | | | 3 | 7 |
| | 3 | 8 | 2 | 9 |
| 1 | 6 | 4 | 1 | |
| 2 | 0 | 2 | 3 | 9 |

❺

| | | | | |
|---|---|---|---|---|
| | | 7 | 3 | 3 |
| × | | | 1 | 9 |
| | 6 | 5 | 9 | 7 |
| | 7 | 3 | 3 | |
| 1 | 3 | 9 | 2 | 7 |

❻

| | | | | |
|---|---|---|---|---|
| | | 2 | 8 | 5 |
| × | | | 6 | 3 |
| | | 8 | 5 | 5 |
| 1 | 7 | 1 | 0 | |
| 1 | 7 | 9 | 5 | 5 |

❼

| | | | | |
|---|---|---|---|---|
| | | 6 | 3 | 7 |
| × | | | 5 | 9 |
| | 5 | 7 | 3 | 3 |
| 3 | 1 | 8 | 5 | |
| 3 | 7 | 5 | 8 | 3 |

❽

| | | | | |
|---|---|---|---|---|
| | | 2 | 9 | 2 |
| × | | | 6 | 2 |
| | | 5 | 8 | 4 |
| 1 | 7 | 5 | 2 | |
| 1 | 8 | 1 | 0 | 4 |

❾

| | | | | |
|---|---|---|---|---|
| | | 5 | 8 | 4 |
| × | | | 8 | 5 |
| | 2 | 9 | 2 | 0 |
| 4 | 6 | 7 | 2 | |
| 4 | 9 | 6 | 4 | 0 |

❿

| | | | | |
|---|---|---|---|---|
| | | 2 | 5 | 6 |
| × | | | 2 | 4 |
| | 1 | 0 | 2 | 4 |
| | 5 | 1 | 2 | |
| | 6 | 1 | 4 | 4 |

⓫

| | | | | |
|---|---|---|---|---|
| | | 4 | 8 | 9 |
| × | | | 7 | 3 |
| | 1 | 4 | 6 | 7 |
| 3 | 4 | 2 | 3 | |
| 3 | 5 | 6 | 9 | 7 |

⓬

| | | | | |
|---|---|---|---|---|
| | | 6 | 7 | 3 |
| × | | | 9 | 2 |
| | 1 | 3 | 4 | 6 |
| 6 | 0 | 5 | 7 | |
| 6 | 1 | 9 | 1 | 6 |

자기 점수에 ○표 하세요.

| 맞힌 개수 | 6개 이하 | 7~8개 | 9~10개 | 11~12개 |
|---|---|---|---|---|
| 학습 방법 | 개념을 다시 공부하세요. | 조금 더 노력하세요. | 실수하면 안 돼요. | 참 잘했어요. |



## 5일차 B형

# (세 자리 수)×(두 자리 수)

월 일
분 초
/9

정답 27쪽

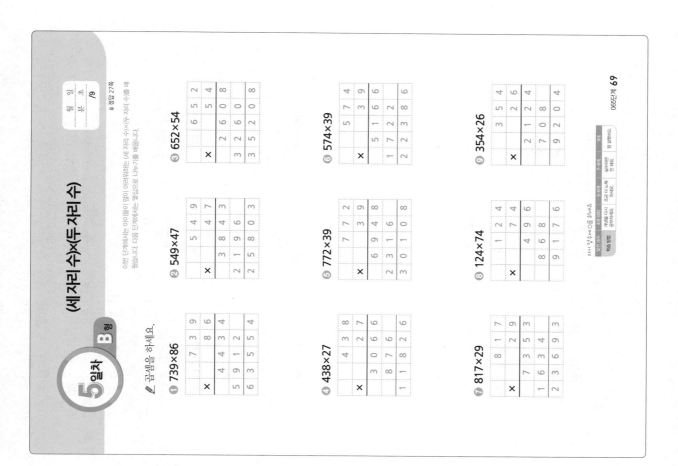

이번 단계에서는 아이들이 많이 어려워하는 (세 자리 수)×(두 자리 수)를 배웠습니다. 다음 단계에서는 몇십으로 나누기를 배웁니다.

곱셈을 하세요.

❶ 739×86

| | | | | |
|---|---|---|---|---|
| | | 7 | 3 | 9 |
| × | | | 8 | 6 |
| | 4 | 4 | 3 | 4 |
| 5 | 9 | 1 | 2 | |
| 6 | 3 | 5 | 5 | 4 |

❷ 549×47

| | | | | |
|---|---|---|---|---|
| | | 5 | 4 | 9 |
| × | | | 4 | 7 |
| | 3 | 8 | 4 | 3 |
| 2 | 1 | 9 | 6 | |
| 2 | 5 | 8 | 0 | 3 |

❸ 652×54

| | | | | |
|---|---|---|---|---|
| | | 6 | 5 | 2 |
| × | | | 5 | 4 |
| | 2 | 6 | 0 | 8 |
| 3 | 2 | 6 | 0 | |
| 3 | 5 | 2 | 0 | 8 |

❹ 438×27

| | | | | |
|---|---|---|---|---|
| | | 4 | 3 | 8 |
| × | | | 2 | 7 |
| | 3 | 0 | 6 | 6 |
| | 8 | 7 | 6 | |
| 1 | 1 | 8 | 2 | 6 |

❺ 772×39

| | | | | |
|---|---|---|---|---|
| | | 7 | 7 | 2 |
| × | | | 3 | 9 |
| | 6 | 9 | 4 | 8 |
| 2 | 3 | 1 | 6 | |
| 3 | 0 | 1 | 0 | 8 |

❻ 574×39

| | | | | |
|---|---|---|---|---|
| | | 5 | 7 | 4 |
| × | | | 3 | 9 |
| | 5 | 1 | 6 | 6 |
| 1 | 7 | 2 | 2 | |
| 2 | 2 | 3 | 8 | 6 |

❼ 817×29

| | | | | |
|---|---|---|---|---|
| | | 8 | 1 | 7 |
| × | | | 2 | 9 |
| | 7 | 3 | 5 | 3 |
| 1 | 6 | 3 | 4 | |
| 2 | 3 | 6 | 9 | 3 |

❽ 124×74

| | | | | |
|---|---|---|---|---|
| | | 1 | 2 | 4 |
| × | | | 7 | 4 |
| | | 4 | 9 | 6 |
| | 8 | 6 | 8 | |
| | 9 | 1 | 7 | 6 |

❾ 354×26

| | | | | |
|---|---|---|---|---|
| | | 3 | 5 | 4 |
| × | | | 2 | 6 |
| | 2 | 1 | 2 | 4 |
| | 7 | 0 | 8 | |
| | 9 | 2 | 0 | 4 |

자기 점수에 ○표 하세요.

| 맞힌 개수 | 4개 이하 | 5~6개 | 7~8개 | 9개 |
|---|---|---|---|---|
| 학습 방법 | 개념을 다시 공부하세요. | 조금 더 노력하세요. | 실수하면 안 돼요. | 참 잘했어요. |

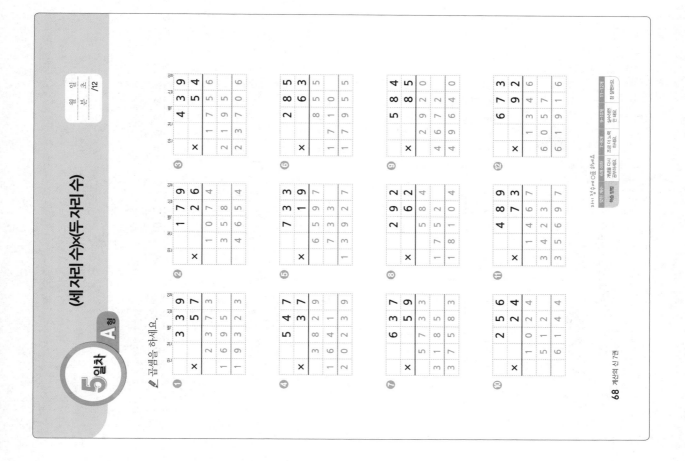

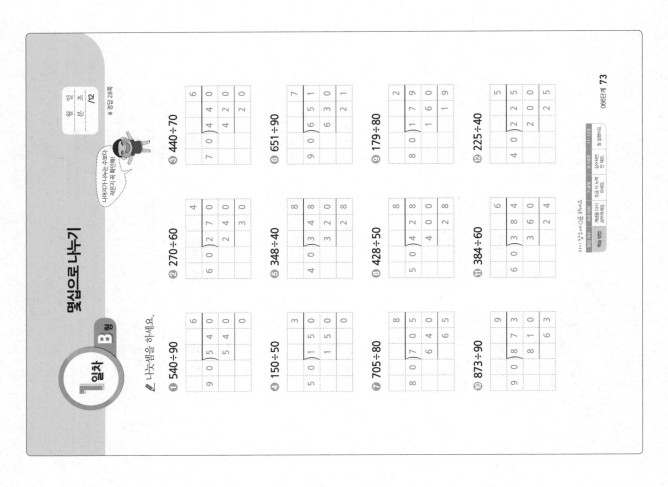

# 1일차 A형 몇십으로 나누기

월 일
분 초
/15

✎ 나눗셈을 하세요.

❶ 30)120 → 몫 4: 120 − 120 = 0

❷ 20)170 → 몫 8: 170 − 160 = 10

❸ 40)380 → 몫 9: 380 − 360 = 20

❹ 70)367 → 몫 5: 367 − 350 = 17

❺ 80)493 → 몫 6: 493 − 480 = 13

❻ 60)420 → 몫 7: 420 − 420 = 0

❼ 40)230 → 몫 5: 230 − 200 = 30

❽ 30)225 → 몫 7: 225 − 210 = 15

❾ 20)82 → 몫 4: 82 − 80 = 2

❿ 60)563 → 몫 9: 563 − 540 = 23

⓫ 90)256 → 몫 2: 256 − 180 = 76

⓬ 30)287 → 몫 9: 287 − 270 = 17

⓭ 70)459 → 몫 6: 459 − 420 = 39

⓮ 40)92 → 몫 2: 92 − 80 = 12

⓯ 50)381 → 몫 7: 381 − 350 = 31

자기 점수에 ○표 하세요

| 맞힌 개수 | 8개 이하 | 9~11개 | 12~13개 | 14~15개 |
|---|---|---|---|---|
| 학습 방법 | 개념을 다시 공부하세요. | 조금 더 노력하세요. | 실수하면 안 돼요. | 참 잘했어요. |



# 1일차 B형 몇십으로 나누기

월 일
분 초
/12

정답 28쪽

✎ 나눗셈을 하세요.

❶ 540÷90 → 90)540, 몫 6: 540 − 540 = 0

❷ 270÷60 → 60)270, 몫 4: 270 − 240 = 30

❸ 440÷70 → 70)440, 몫 6: 440 − 420 = 20

❹ 150÷50 → 50)150, 몫 3: 150 − 150 = 0

❺ 348÷40 → 40)348, 몫 8: 348 − 320 = 28

❻ 651÷90 → 90)651, 몫 7: 651 − 630 = 21

❼ 705÷80 → 80)705, 몫 8: 705 − 640 = 65

❽ 428÷50 → 50)428, 몫 8: 428 − 400 = 28

❾ 179÷80 → 80)179, 몫 2: 179 − 160 = 19

❿ 873÷90 → 90)873, 몫 9: 873 − 810 = 63

⓫ 384÷60 → 60)384, 몫 6: 384 − 360 = 24

⓬ 225÷40 → 40)225, 몫 5: 225 − 200 = 25

자기 점수에 ○표 하세요

| 맞힌 개수 | 6개 이하 | 7~8개 | 9~10개 | 11~12개 |
|---|---|---|---|---|
| 학습 방법 | 개념을 다시 공부하세요. | 조금 더 노력하세요. | 실수하면 안 돼요. | 참 잘했어요. |

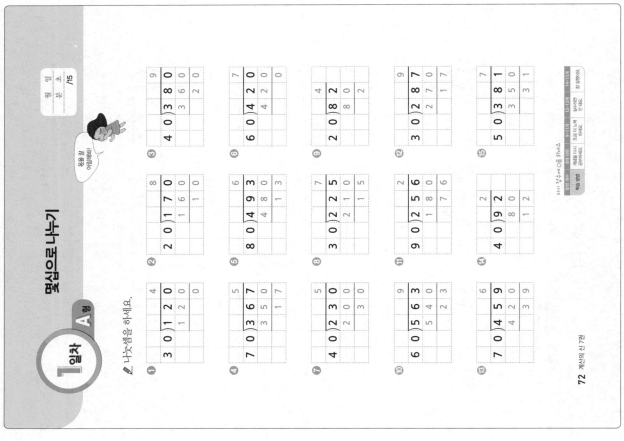

# 2일차 A형 몇십으로 나누기

월 일
분 초
/15

나눗셈을 하세요.

❶
```
     9
20)190
   180
    10
```
❷
```
     8
40)330
   320
    10
```
❸
```
     5
50)290
   250
    40
```
❹
```
     3
80)263
   240
    23
```
❺
```
     5
60)347
   300
    47
```
❻
```
     5
80)420
   400
    20
```
❼
```
     3
70)220
   210
    10
```
❽
```
     5
50)265
   250
    15
```
❾
```
    2
30)87
   60
   27
```
❿
```
     7
80)573
   560
    13
```
⓫
```
     5
90)456
   450
     6
```
⓬
```
     5
70)387
   350
    37
```
⓭
```
     4
70)302
   280
    22
```
⓮
```
     4
40)181
   160
    21
```
⓯
```
     5
50)269
   250
    19
```

자기 점수에 ○표 하세요.

| 맞힌 개수 | 8개 이하 | 9~11개 | 12~13개 | 14~15개 |
|---|---|---|---|---|
| 학습 방법 | 개념을 다시 공부하세요. | 조금 더 노력하세요. | 실수하면 안 돼요. | 참 잘했어요. |



# 2일차 B형 몇십으로 나누기

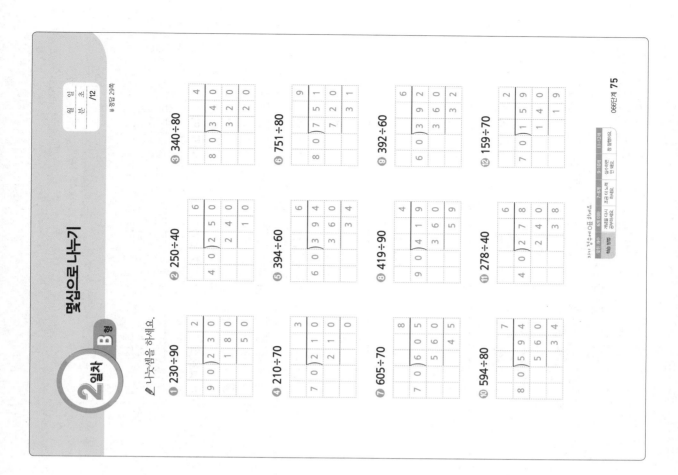

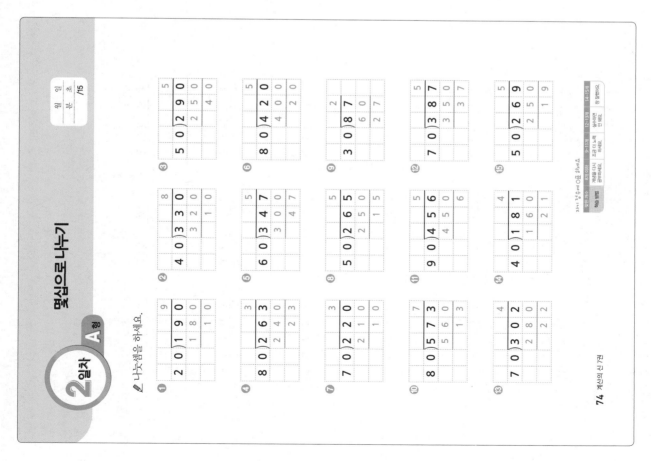

월 일
분 초
/12

정답 29쪽

나눗셈을 하세요.

❶ 230÷90
```
     2
90)230
   180
    50
```
❷ 250÷40
```
     6
40)250
   240
    10
```
❸ 340÷80
```
     4
80)340
   320
    20
```
❹ 210÷70
```
     3
70)210
   210
     0
```
❺ 394÷60
```
     6
60)394
   360
    34
```
❻ 751÷80
```
     9
80)751
   720
    31
```
❼ 605÷70
```
     8
70)605
   560
    45
```
❽ 419÷90
```
     4
90)419
   360
    59
```
❾ 392÷60
```
     6
60)392
   360
    32
```
❿ 594÷80
```
     7
80)594
   560
    34
```
⓫ 278÷40
```
     6
40)278
   240
    38
```
⓬ 159÷70
```
     2
70)159
   140
    19
```

자기 점수에 ○표 하세요.

| 맞힌 개수 | 6개 이하 | 7~8개 | 9~10개 | 11~12개 |
|---|---|---|---|---|
| 학습 방법 | 개념을 다시 공부하세요. | 조금 더 노력하세요. | 실수하면 안 돼요. | 참 잘했어요. |

## 3일차 A형 몇십으로 나누기

월 일
분 초
/15

나눗셈을 하세요.

❶
```
      7
70)550
   490
    60
```

❷
```
      5
30)160
   150
    10
```

❸
```
      4
60)280
   240
    40
```

❹
```
      7
90)654
   630
    24
```

❺
```
      6
60)382
   360
    22
```

❻
```
      8
70)608
   560
    48
```

❼
```
      9
30)294
   270
    24
```

❽
```
      7
40)295
   280
    15
```

❾
```
    1
40)79
   40
   39
```

❿
```
      8
20)162
   160
     2
```

⓫
```
      6
40)279
   240
    39
```

⓬
```
      5
60)342
   300
    42
```

⓭
```
      3
80)316
   240
    76
```

⓮
```
    2
30)74
   60
   14
```

⓯
```
      9
20)181
   180
     1
```

자기 점수에 ○표 하세요.

| 맞힌 개수 | 8개 이하 | 9~11개 | 12~13개 | 14~15개 |
|---|---|---|---|---|
| 학습 방법 | 개념을 다시 공부하세요. | 조금 더 노력하세요. | 실수하면 안 돼요. | 참 잘했어요. |



## 3일차 B형 몇십으로 나누기

월 일
분 초
/12

※정답 30쪽

나눗셈을 하세요.

❶ 370÷80
```
      4
80)370
   320
    50
```

❷ 290÷70
```
      4
70)290
   280
    10
```

❸ 450÷60
```
      7
60)450
   420
    30
```

❹ 130÷40
```
      3
40)130
   120
    10
```

❺ 298÷40
```
      7
40)298
   280
    18
```

❻ 754÷80
```
      9
80)754
   720
    34
```

❼ 525÷90
```
      5
90)525
   450
    75
```

❽ 328÷70
```
      4
70)328
   280
    48
```

❾ 703÷80
```
      8
80)703
   640
    63
```

❿ 443÷90
```
      4
90)443
   360
    83
```

⓫ 224÷60
```
      3
60)224
   180
    44
```

⓬ 465÷90
```
      5
90)465
   450
    15
```

자기 점수에 ○표 하세요.

| 맞힌 개수 | 6개 이하 | 7~8개 | 9~10개 | 11~12개 |
|---|---|---|---|---|
| 학습 방법 | 개념을 다시 공부하세요. | 조금 더 노력하세요. | 실수하면 안 돼요. | 참 잘했어요. |

# 4일차 A형 몇십으로 나누기

월 일 분 초 /15

나눗셈을 하세요.

① 50)210 — 몫 4, 200, 10

② 40)340 — 몫 8, 320, 20

③ 90)350 — 몫 3, 270, 80

④ 60)257 — 몫 4, 240, 17

⑤ 80)623 — 몫 7, 560, 63

⑥ 30)190 — 몫 6, 180, 10

⑦ 50)330 — 몫 6, 300, 30

⑧ 90)215 — 몫 2, 180, 35

⑨ 30)96 — 몫 3, 90, 6

⑩ 40)343 — 몫 8, 320, 23

⑪ 90)556 — 몫 6, 540, 16

⑫ 20)117 — 몫 5, 100, 17

⑬ 50)439 — 몫 8, 400, 39

⑭ 70)84 — 몫 1, 70, 14

⑮ 30)263 — 몫 8, 240, 23

자기 점수에 ○표 하세요.

| 맞힌 개수 | 8개 이하 | 9~11개 | 12~13개 | 14~15개 |
|---|---|---|---|---|
| 학습 방법 | 개념을 다시 공부하세요. | 조금 더 노력 하세요. | 실수하면 안 돼요. | 참 잘했어요. |



# 4일차 B형 몇십으로 나누기

월 일 분 초 /12

정답 31쪽

나눗셈을 하세요.

① 230÷80 — 80)230, 몫 2, 160, 70

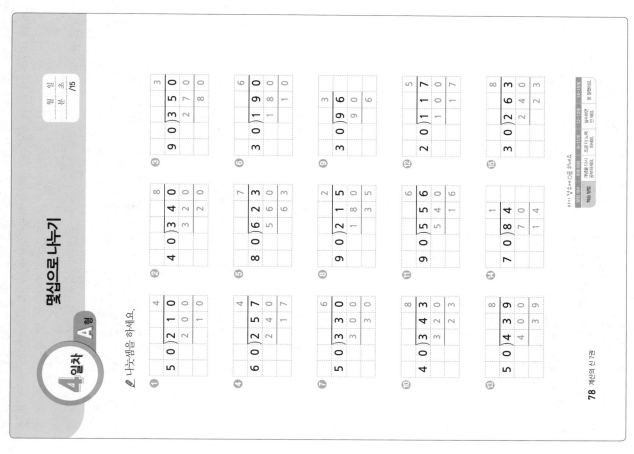

② 340÷40 — 40)340, 몫 8, 320, 20

③ 640÷70 — 70)640, 몫 9, 630, 10

④ 120÷70 — 70)120, 몫 1, 70, 50

⑤ 293÷40 — 40)293, 몫 7, 280, 13

⑥ 432÷90 — 90)432, 몫 4, 360, 72

⑦ 526÷80 — 80)526, 몫 6, 480, 46

⑧ 613÷90 — 90)613, 몫 6, 540, 73

⑨ 324÷70 — 70)324, 몫 4, 280, 44

⑩ 764÷80 — 80)764, 몫 9, 720, 44

⑪ 297÷40 — 40)297, 몫 7, 280, 17

⑫ 355÷40 — 40)355, 몫 8, 320, 35

자기 점수에 ○표 하세요.

| 맞힌 개수 | 6개 이하 | 7~8개 | 9~10개 | 11~12개 |
|---|---|---|---|---|
| 학습 방법 | 개념을 다시 공부하세요. | 조금 더 노력 하세요. | 실수하면 안 돼요. | 참 잘했어요. |

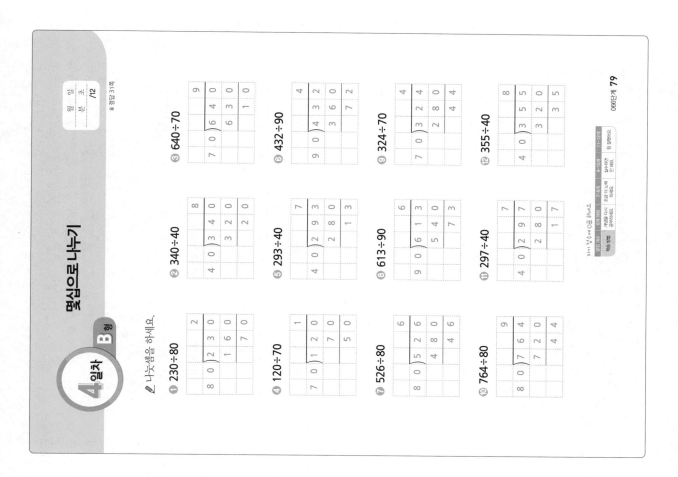

# 5일차 A형 몫십으로 나누기

월 일
분 초
/15

나눗셈을 하세요.

① 30)170 = 5 … 20 (150, 20)

② 90)810 = 9 (810, 0)

③ 50)430 = 8 … 30 (400, 30)

④ 60)267 = 4 … 27 (240, 27)

⑤ 40)258 = 6 … 18 (240, 18)

⑥ 80)450 = 5 … 50 (400, 50)

⑦ 40)130 = 3 … 10 (120, 10)

⑧ 90)245 = 2 … 65 (180, 65)

⑨ 10)53 = 5 … 3 (50, 3)

⑩ 50)473 = 9 … 23 (450, 23)

⑪ 70)256 = 3 … 46 (210, 46)

⑫ 30)147 = 4 … 27 (120, 27)

⑬ 60)433 = 7 … 13 (420, 13)

⑭ 30)89 = 2 … 29 (60, 29)

⑮ 50)443 = 8 … 43 (400, 43)

자기 점수에 ○표 하세요.

| 맞힌 개수 | 8개 이하 | 9~11개 | 12~13개 | 14~15개 |
|---|---|---|---|---|
| 학습 방법 | 개념을 다시 공부하세요. | 조금 더 노력하세요. | 실수하면 안 돼요. | 참 잘했어요. |



# 5일차 B형 몇십으로 나누기

월 일
분 초
/12

정답 32쪽

이번 단계에서는 두 자리 수 나누기의 기초 단계인 몇십으로 나누기를 배웠습니다. 다음 단계에서는 (두 자리 수)÷(두 자리 수)를 배웁니다.

나눗셈을 하세요.

① 640÷70 — 70)640 = 9 … 10 (630, 10)

② 320÷60 — 60)320 = 5 … 20 (300, 20)

③ 490÷70 — 70)490 = 7 (490, 0)

④ 170÷40 — 40)170 = 4 … 10 (160, 10)

⑤ 252÷60 — 60)252 = 4 … 12 (240, 12)

⑥ 536÷90 — 90)536 = 5 … 86 (450, 86)

⑦ 345÷80 — 80)345 = 4 … 25 (320, 25)

⑧ 488÷70 — 70)488 = 6 … 68 (420, 68)

⑨ 162÷70 — 70)162 = 2 … 22 (140, 22)

⑩ 423÷90 — 90)423 = 4 … 63 (360, 63)

⑪ 489÷60 — 60)489 = 8 … 9 (480, 9)

⑫ 332÷40 — 40)332 = 8 … 12 (320, 12)

자기 점수에 ○표 하세요.

| 맞힌 개수 | 6개 이하 | 7~8개 | 9~10개 | 11~12개 |
|---|---|---|---|---|
| 학습 방법 | 개념을 다시 공부하세요. | 조금 더 노력하세요. | 실수하면 안 돼요. | 참 잘했어요. |

**세 단계 묶어 풀기 064 ~ 066단계**
(세 자리 수)×(두 자리 수)/몇십으로 나누기

월 일 / 분 초 / /12

정답 33쪽

곱셈을 하세요.

❶ 556 × 25
2780
1112
13900

❷ 416 × 54
1664
2080
22464

❸ 749 × 37
5243
2247
27713

❹ 823 × 26
4938
1646
21398

❺ 682 × 43
2046
2728
29326

❻ 908 × 58
7264
4540
52664

나눗셈을 하세요.

❼ 30)230 → 7
210
20

❽ 40)225 → 5
200
25

❾ 50)62 → 1
50
12

❿ 480÷50 → 9
50)480
450
30

⓫ 520÷90 → 5
90)520
450
70

⓬ 432÷60 → 7
60)432
420
12

82 계산의 신 7권

# 1일차 A형 (두 자리 수)÷(두 자리 수)

월 일 / 분 초 / /15

(몇십)÷(몇십)으로 몫을 예상해 봐!

나눗셈을 하세요.

① 12)36 → 몫 3, 36, 0

② 17)68 → 몫 4, 68, 0

③ 23)65 → 몫 2, 46, 19

④ 27)81 → 몫 3, 81, 0

⑤ 33)92 → 몫 2, 66, 26

⑥ 35)72 → 몫 2, 70, 2

⑦ 76)83 → 몫 1, 76, 7

⑧ 16)54 → 몫 3, 48, 6

⑨ 24)96 → 몫 4, 96, 0

⑩ 14)79 → 몫 5, 70, 9

⑪ 31)45 → 몫 1, 31, 14

⑫ 72)99 → 몫 1, 72, 27

⑬ 26)84 → 몫 3, 78, 6

⑭ 19)92 → 몫 4, 76, 16

⑮ 47)95 → 몫 2, 94, 1

자기 점수에 ○표 하세요

| 맞힌 개수 | 8개 이하 | 9~11개 | 12~13개 | 14~15개 |
|---|---|---|---|---|
| 학습 방법 | 개념을 다시 공부하세요. | 조금 더 노력하세요. | 실수하면 안 돼요. | 참 잘했어요. |



# 1일차 B형 (두 자리 수)÷(두 자리 수)

월 일 / 분 초 / /12

정답 34쪽

나머지는 나누는 수보다 작아야 해!

나눗셈을 하세요.

① 81÷15 → 15)81, 몫 5, 75, 6

② 24÷17 → 17)24, 몫 1, 17, 7

③ 38÷13 → 13)38, 몫 2, 26, 12

④ 50÷23 → 23)50, 몫 2, 46, 4

⑤ 98÷14 → 14)98, 몫 7, 98, 0

⑥ 76÷17 → 17)76, 몫 4, 68, 8

⑦ 84÷23 → 23)84, 몫 3, 69, 15

⑧ 68÷21 → 21)68, 몫 3, 63, 5

⑨ 90÷15 → 15)90, 몫 6, 90, 0

⑩ 57÷17 → 17)57, 몫 3, 51, 6

⑪ 78÷12 → 12)78, 몫 6, 72, 6

⑫ 93÷42 → 42)93, 몫 2, 84, 9

자기 점수에 ○표 하세요

| 맞힌 개수 | 6개 이하 | 7~8개 | 9~10개 | 11~12개 |
|---|---|---|---|---|
| 학습 방법 | 개념을 다시 공부하세요. | 조금 더 노력하세요. | 실수하면 안 돼요. | 참 잘했어요. |

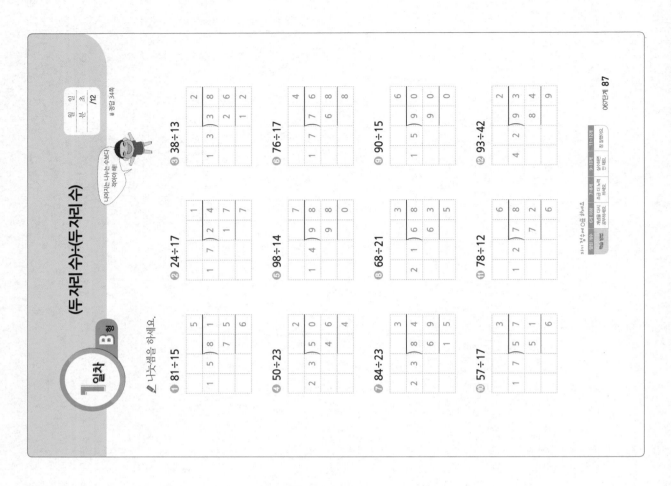

## 2일차 A형 (두 자리 수)÷(두 자리 수)

월 일 / 분 초 / /15

나눗셈을 하세요.

❶
```
    8
12)96
   96
    0
```
❷
```
    4
23)92
   92
    0
```
❸
```
    2
39)80
   78
    2
```
❹
```
    6
14)85
   84
    1
```
❺
```
    6
13)78
   78
    0
```
❻
```
    5
19)95
   95
    0
```
❼
```
    3
26)83
   78
    5
```
❽
```
    4
21)95
   84
   11
```
❾
```
    2
36)96
   72
   24
```
❿
```
    2
48)96
   96
    0
```
⓫
```
    5
13)75
   65
   10
```
⓬
```
    2
43)99
   86
   13
```
⓭
```
    4
17)84
   68
   16
```
⓮
```
    3
29)92
   87
    5
```
⓯
```
    2
37)98
   74
   24
```

자기 점수에 ○표 하세요.

| 맞힌 개수 | 8개 이하 | 9~11개 | 12~13개 | 14~15개 |
|---|---|---|---|---|
| 학습 방법 | 개념을 다시 공부하세요. | 조금 더 노력 하세요. | 실수하면 안 돼요. | 참 잘했어요. |



## 2일차 B형 (두 자리 수)÷(두 자리 수)

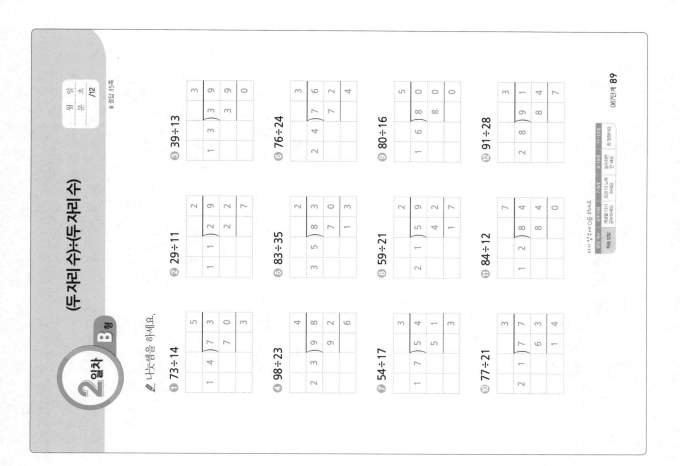

월 일 / 분 초 / /12

정답 35쪽

나눗셈을 하세요.

❶ 73÷14
```
    5
14)73
   70
    3
```
❷ 29÷11
```
    2
11)29
   22
    7
```
❸ 39÷13
```
    3
13)39
   39
    0
```
❹ 98÷23
```
    4
23)98
   92
    6
```
❺ 83÷35
```
    2
35)83
   70
   13
```
❻ 76÷24
```
    3
24)76
   72
    4
```
❼ 54÷17
```
    3
17)54
   51
    3
```
❽ 59÷21
```
    2
21)59
   42
   17
```
❾ 80÷16
```
    5
16)80
   80
    0
```
❿ 77÷21
```
    3
21)77
   63
   14
```
⓫ 84÷12
```
    7
12)84
   84
    0
```
⓬ 91÷28
```
    3
28)91
   84
    7
```

자기 점수에 ○표 하세요.

| 맞힌 개수 | 6개 이하 | 7~8개 | 9~10개 | 11~12개 |
|---|---|---|---|---|
| 학습 방법 | 개념을 다시 공부하세요. | 조금 더 노력 하세요. | 실수하면 안 돼요. | 참 잘했어요. |

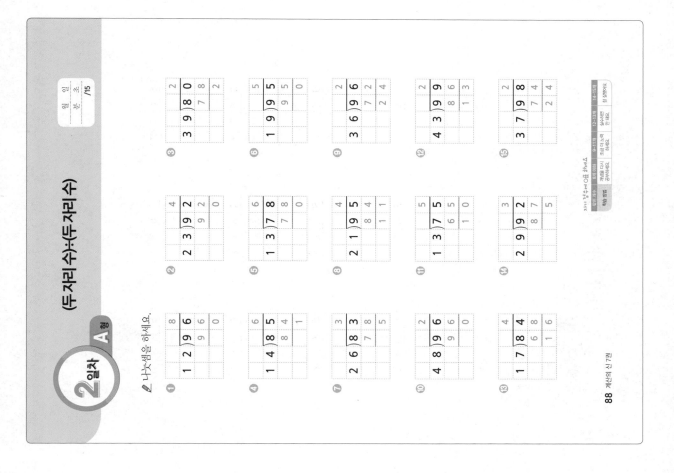

## 3일차 A형 (두 자리 수)÷(두 자리 수)

월 일
분 초
/15

나눗셈을 하세요.

❶ 13)42 → 3 / 39 / 3

❷ 36)78 → 2 / 72 / 6

❸ 41)83 → 2 / 82 / 1

❹ 26)78 → 3 / 78 / 0

❺ 19)98 → 5 / 95 / 3

❻ 23)41 → 1 / 23 / 18

❼ 27)88 → 3 / 81 / 7

❽ 32)78 → 2 / 64 / 14

❾ 43)96 → 2 / 86 / 10

❿ 13)79 → 6 / 78 / 1

⓫ 24)95 → 3 / 72 / 23

⓬ 82)98 → 1 / 82 / 16

⓭ 14)55 → 3 / 42 / 13

⓮ 26)97 → 3 / 78 / 19

⓯ 47)93 → 1 / 47 / 46

자기 점수에 ○표 하세요.

| 맞힌 개수 | 8개 이하 | 9~11개 | 12~13개 | 14~15개 |
|---|---|---|---|---|
| 학습 방법 | 개념을 다시 공부하세요. | 조금 더 노력 하세요. | 실수하면 안 돼요. | 참 잘했어요. |



## 3일차 B형 (두 자리 수)÷(두 자리 수)

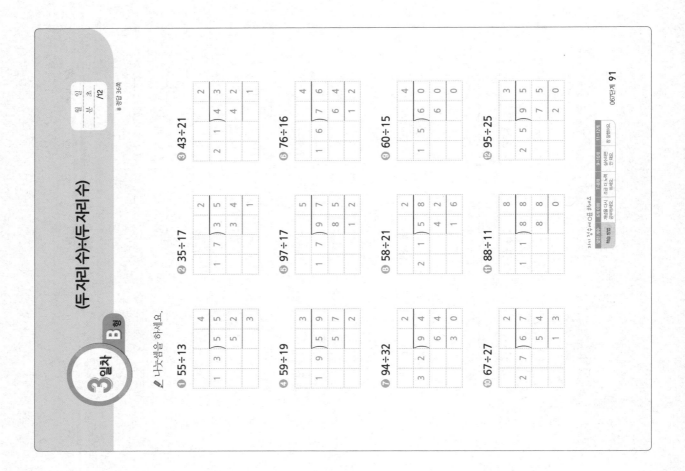

월 일
분 초
/12

정답 36쪽

나눗셈을 하세요.

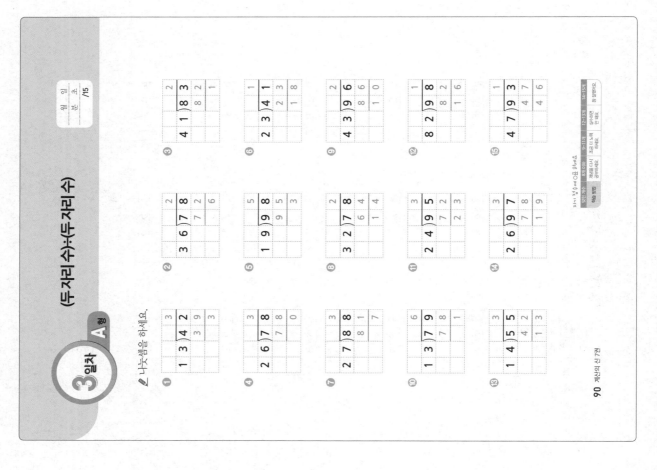

❶ 55÷13 → 13)55 → 4 / 52 / 3

❷ 35÷17 → 17)35 → 2 / 34 / 1

❸ 43÷21 → 21)43 → 2 / 42 / 1

❹ 59÷19 → 19)59 → 3 / 57 / 2

❺ 97÷17 → 17)97 → 5 / 85 / 12

❻ 76÷16 → 16)76 → 4 / 64 / 12

❼ 94÷32 → 32)94 → 2 / 64 / 30

❽ 58÷21 → 21)58 → 2 / 42 / 16

❾ 60÷15 → 15)60 → 4 / 60 / 0

❿ 67÷27 → 27)67 → 2 / 54 / 13

⓫ 88÷11 → 11)88 → 8 / 88 / 0

⓬ 95÷25 → 25)95 → 3 / 75 / 20

자기 점수에 ○표 하세요.

| 맞힌 개수 | 6개 이하 | 7~8개 | 9~10개 | 11~12개 |
|---|---|---|---|---|
| 학습 방법 | 개념을 다시 공부하세요. | 조금 더 노력 하세요. | 실수하면 안 돼요. | 참 잘했어요. |

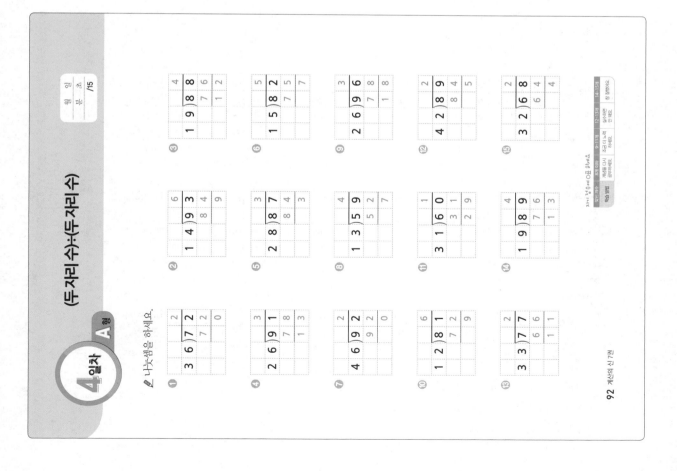

# 4일차 A형 (두 자리 수)÷(두 자리 수)

월 일
분 초
/15

나눗셈을 하세요.

❶
```
     2
36)72
   72
    0
```
❷
```
     6
14)93
   84
    9
```
❸
```
     4
19)88
   76
   12
```
❹
```
     3
26)91
   78
   13
```
❺
```
     3
28)87
   84
    3
```
❻
```
     5
15)82
   75
    7
```
❼
```
     2
46)92
   92
    0
```
❽
```
     4
13)59
   52
    7
```
❾
```
     3
26)96
   78
   18
```
❿
```
     6
12)81
   72
    9
```
⓫
```
     1
31)60
   31
   29
```
⓬
```
     2
42)89
   84
    5
```
⓭
```
     2
33)77
   66
   11
```
⓮
```
     4
19)89
   76
   13
```
⓯
```
     2
32)68
   64
    4
```

자기 점수에 O표 하세요.

| 맞힌 개수 | 8개 이하 | 9~11개 | 12~13개 | 14~15개 |
|---|---|---|---|---|
| 학습 방법 | 개념을 다시 공부하세요. | 조금 더 노력 하세요. | 실수하면 안 돼요. | 참 잘했어요. |

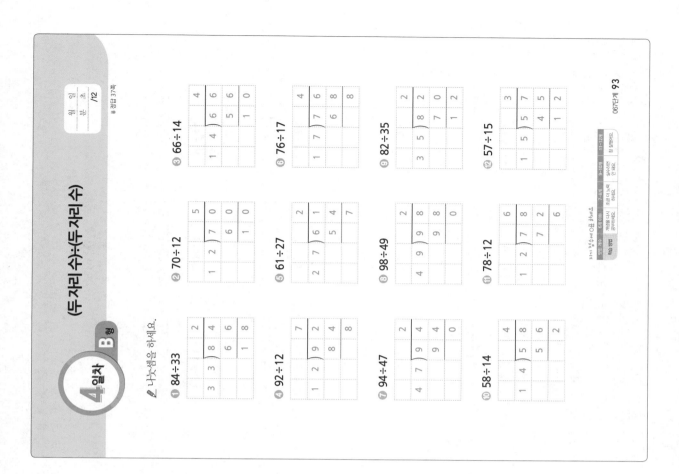

# 4일차 B형 (두 자리 수)÷(두 자리 수)

월 일
분 초
/12

정답 37쪽

나눗셈을 하세요.

❶ 84÷33
```
     2
33)84
   66
   18
```
❷ 70÷12
```
     5
12)70
   60
   10
```
❸ 66÷14
```
     4
14)66
   56
   10
```
❹ 92÷12
```
     7
12)92
   84
    8
```
❺ 61÷27
```
     2
27)61
   54
    7
```
❻ 76÷17
```
     4
17)76
   68
    8
```
❼ 94÷47
```
     2
47)94
   94
    0
```
❽ 98÷49
```
     2
49)98
   98
    0
```
❾ 82÷35
```
     2
35)82
   70
   12
```
❿ 58÷14
```
     4
14)58
   56
    2
```
⓫ 78÷12
```
     6
12)78
   72
    6
```
⓬ 57÷15
```
     3
15)57
   45
   12
```

자기 점수에 O표 하세요.

| 맞힌 개수 | 6개 이하 | 7~8개 | 9~10개 | 11~12개 |
|---|---|---|---|---|
| 학습 방법 | 개념을 다시 공부하세요. | 조금 더 노력 하세요. | 실수하면 안 돼요. | 참 잘했어요. |

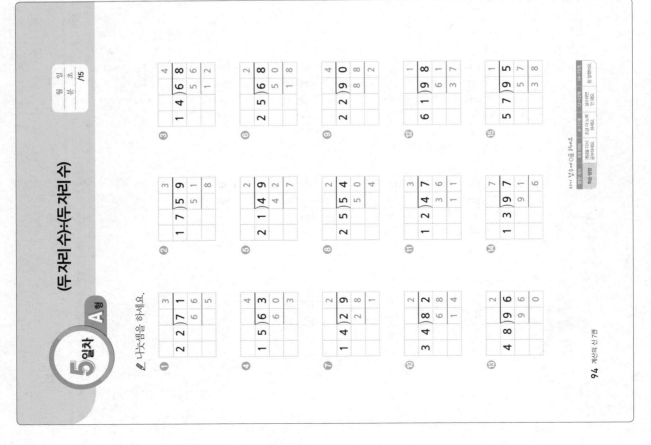

# 5일차 A형 (두 자리 수)÷(두 자리 수)

월 일 / 분 초 / /15

나눗셈을 하세요.

❶ 22)71 — 몫 3, 66, 나머지 5

❷ 17)59 — 몫 3, 51, 나머지 8

❸ 14)68 — 몫 4, 56, 나머지 12

❹ 15)63 — 몫 4, 60, 나머지 3

❺ 21)49 — 몫 2, 42, 나머지 7

❻ 25)68 — 몫 2, 50, 나머지 18

❼ 14)29 — 몫 2, 28, 나머지 1

❽ 25)54 — 몫 2, 50, 나머지 4

❾ 22)90 — 몫 4, 88, 나머지 2

❿ 34)82 — 몫 2, 68, 나머지 14

⓫ 12)47 — 몫 3, 36, 나머지 11

⓬ 61)98 — 몫 1, 61, 나머지 37

⓭ 48)96 — 몫 2, 96, 나머지 0

⓮ 13)97 — 몫 7, 91, 나머지 6

⓯ 57)95 — 몫 1, 57, 나머지 38

자기 점수에 ○표 하세요.

| 맞힌 개수 | 8개 이하 | 9~11개 | 12~13개 | 14~15개 |
|---|---|---|---|---|
| 학습 방법 | 개념을 다시 공부하세요. | 조금 더 노력하세요. | 실수하면 안 돼요. | 참 잘했어요. |



# 5일차 B형 (두 자리 수)÷(두 자리 수)

월 일 / 분 초 / /12

정답 38쪽

이번 단계에서는 (두 자리 수)÷(두 자리 수)를 공부하며 몫 예상하기에 더 익숙해졌습니다. 다음 단계에서는 (세 자리 수)÷(두 자리 수)를 배웁니다.

나눗셈을 하세요.

❶ 74÷37 — 37)74, 몫 2, 74, 나머지 0

❷ 86÷32 — 32)86, 몫 2, 64, 나머지 22

❸ 72÷28 — 28)72, 몫 2, 56, 나머지 16

❹ 62÷26 — 26)62, 몫 2, 52, 나머지 10

❺ 68÷17 — 17)68, 몫 4, 68, 나머지 0

❻ 66÷25 — 25)66, 몫 2, 50, 나머지 16

❼ 81÷14 — 14)81, 몫 5, 70, 나머지 11

❽ 92÷12 — 12)92, 몫 7, 84, 나머지 8

❾ 72÷18 — 18)72, 몫 4, 72, 나머지 0

❿ 86÷43 — 43)86, 몫 2, 86, 나머지 0

⓫ 80÷21 — 21)80, 몫 3, 63, 나머지 17

⓬ 95÷44 — 44)95, 몫 2, 88, 나머지 7

자기 점수에 ○표 하세요.

| 맞힌 개수 | 6개 이하 | 7~8개 | 9~10개 | 11~12개 |
|---|---|---|---|---|
| 학습 방법 | 개념을 다시 공부하세요. | 조금 더 노력하세요. | 실수하면 안 돼요. | 참 잘했어요. |

# 1일차 A형 (세 자리 수)÷(두 자리 수) (1)

월 일
분 초
/15

앞의 두 자리 수보다 나누는 수가 크면 몫은 한 자리 수!

나눗셈을 하세요.

① 5
62)358
310
48

② 7
46)322
322
0

③ 8
46)400
368
32

④ 9
99)983
891
92

⑤ 8
93)825
744
81

⑥ 8
64)512
512
0

⑦ 8
72)576
576
0

⑧ 9
99)976
891
85

⑨ 6
87)554
522
32

⑩ 8
56)448
448
0

⑪ 6
91)629
546
83

⑫ 9
80)720
720
0

⑬ 7
86)616
602
14

⑭ 4
51)204
204
0

⑮ 6
75)492
450
42

자기 점수에 ○표 하세요.

| 맞힌 개수 | 8개 이하 | 9~11개 | 12~13개 | 14~15개 |
|---|---|---|---|---|
| 학습 방법 | 개념을 다시 공부하세요. | 조금 더 노력하세요. | 실수하면 안 돼요. | 참 잘했어요. |



# 1일차 B형 (세 자리 수)÷(두 자리 수) (1)

월 일
분 초
/12

정답 39쪽

나머지는 나누는 수보다 작아야 해!

나눗셈을 하세요.

① 263÷37
7
37)263
259
4

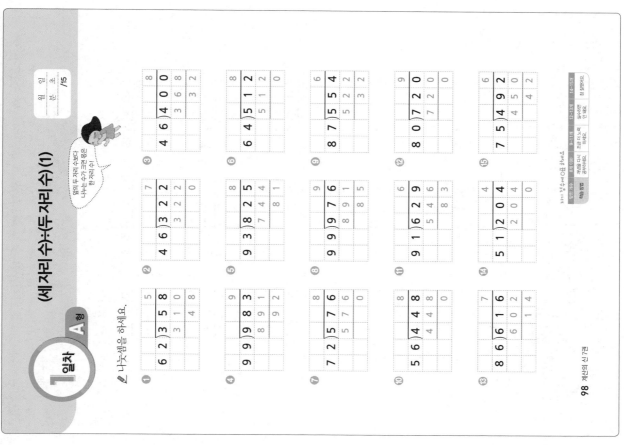

② 112÷28
4
28)112
112
0

③ 557÷59
9
59)557
531
26

④ 470÷94
5
94)470
470
0

⑤ 692÷95
7
95)692
665
27

⑥ 428÷84
5
84)428
420
8

⑦ 522÷58
9
58)522
522
0

⑧ 947÷98
9
98)947
882
65

⑨ 432÷77
5
77)432
385
47

⑩ 507÷73
6
73)507
438
69

⑪ 856÷95
9
95)856
855
1

⑫ 712÷89
8
89)712
712
0

자기 점수에 ○표 하세요.

| 맞힌 개수 | 6개 이하 | 7~8개 | 9~10개 | 11~12개 |
|---|---|---|---|---|
| 학습 방법 | 개념을 다시 공부하세요. | 조금 더 노력하세요. | 실수하면 안 돼요. | 참 잘했어요. |

## 2일차 A형 (세 자리 수)÷(두 자리 수) (1)

월 일
분 초
/15

나눗셈을 하세요.

❶ 49)256 — 몫 5; 245; 11

❷ 23)184 — 몫 8; 184; 0

❸ 53)268 — 몫 5; 265; 3

❹ 64)518 — 몫 8; 512; 6

❺ 36)216 — 몫 6; 216; 0

❻ 71)183 — 몫 2; 142; 41

❼ 85)554 — 몫 6; 510; 44

❽ 33)276 — 몫 8; 264; 12

❾ 49)343 — 몫 7; 343; 0

❿ 25)125 — 몫 5; 125; 0

⓫ 36)252 — 몫 7; 252; 0

⓬ 97)487 — 몫 5; 485; 2

⓭ 84)720 — 몫 8; 672; 48

⓮ 82)511 — 몫 6; 492; 19

⓯ 55)137 — 몫 2; 110; 27

자기 점수에 ○표 하세요.

| 맞힌 개수 | 8개 이하 | 9~11개 | 12~13개 | 14~15개 |
|---|---|---|---|---|
| 학습 방법 | 개념을 다시 공부하세요. | 조금 더 노력하세요. | 실수하면 안 돼요. | 참 잘했어요. |

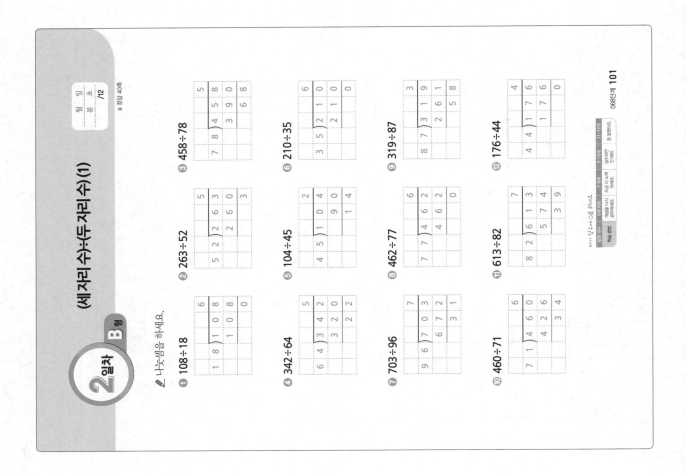

## 2일차 B형 (세 자리 수)÷(두 자리 수) (1)

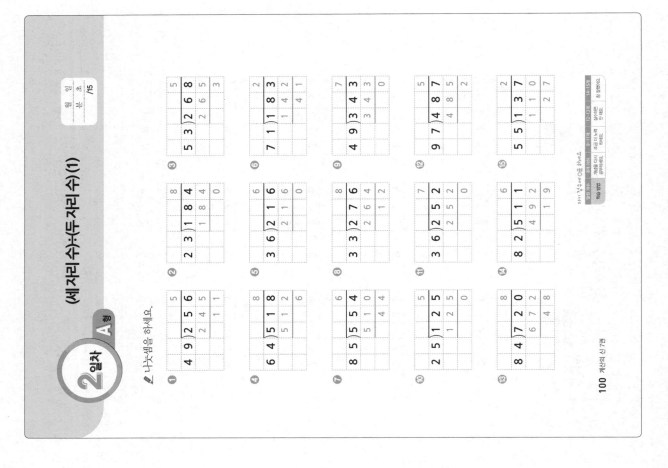

월 일
분 초
/12

정답 40쪽

나눗셈을 하세요.

❶ 108÷18 — 18)108; 몫 6; 108; 0

❷ 263÷52 — 52)263; 몫 5; 260; 3

❸ 458÷78 — 78)458; 몫 5; 390; 68

❹ 342÷64 — 64)342; 몫 5; 320; 22

❺ 104÷45 — 45)104; 몫 2; 90; 14

❻ 210÷35 — 35)210; 몫 6; 210; 0

❼ 703÷96 — 96)703; 몫 7; 672; 31

❽ 462÷77 — 77)462; 몫 6; 462; 0

❾ 319÷87 — 87)319; 몫 3; 261; 58

❿ 460÷71 — 71)460; 몫 6; 426; 34

⓫ 613÷82 — 82)613; 몫 7; 574; 39

⓬ 176÷44 — 44)176; 몫 4; 176; 0

자기 점수에 ○표 하세요.

| 맞힌 개수 | 6개 이하 | 7~8개 | 9~10개 | 11~12개 |
|---|---|---|---|---|
| 학습 방법 | 개념을 다시 공부하세요. | 조금 더 노력하세요. | 실수하면 안 돼요. | 참 잘했어요. |

## 3일차 A형 (세 자리 수)÷(두 자리 수) (1)

월 일 분 초 /15

나눗셈을 하세요.

① 8 / 86)738 / 688 / 50

② 8 / 43)358 / 344 / 14

③ 9 / 22)198 / 198 / 0

④ 6 / 64)425 / 384 / 41

⑤ 6 / 32)192 / 192 / 0

⑥ 9 / 75)683 / 675 / 8

⑦ 6 / 73)438 / 438 / 0

⑧ 7 / 23)176 / 161 / 15

⑨ 6 / 85)554 / 510 / 44

⑩ 5 / 64)367 / 320 / 47

⑪ 6 / 18)109 / 108 / 1

⑫ 6 / 72)432 / 432 / 0

⑬ 7 / 42)300 / 294 / 6

⑭ 4 / 65)297 / 260 / 37

⑮ 6 / 84)508 / 504 / 4

자기 점수에 ○표 하세요

| 맞힌 개수 | 8개 이하 | 9~11개 | 12~13개 | 14~15개 |
|---|---|---|---|---|
| 학습 방법 | 개념을 다시 공부하세요. | 조금 더 노력 하세요. | 실수하면 안 돼요. | 참 잘했어요. |

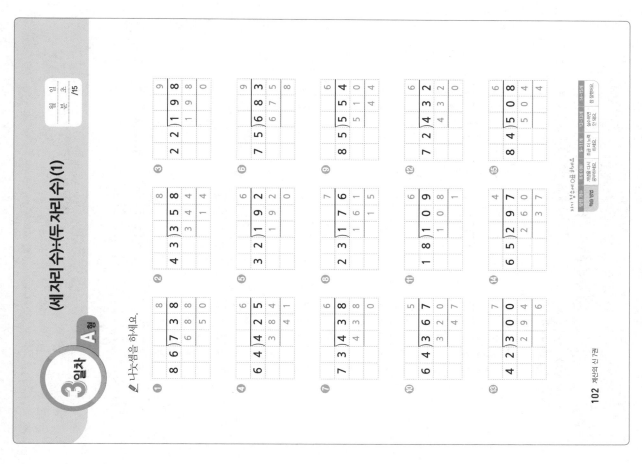

## 3일차 B형 (세 자리 수)÷(두 자리 수) (1)

월 일 분 초 /12

정답 41쪽

나눗셈을 하세요.

① 532÷98 — 5 / 98)532 / 490 / 42

② 237÷47 — 5 / 47)237 / 235 / 2

③ 147÷21 — 7 / 21)147 / 147 / 0

④ 115÷36 — 3 / 36)115 / 108 / 7

⑤ 399÷45 — 8 / 45)399 / 360 / 39

⑥ 137÷14 — 9 / 14)137 / 126 / 11

⑦ 324÷56 — 5 / 56)324 / 280 / 44

⑧ 135÷27 — 5 / 27)135 / 135 / 0

⑨ 270÷32 — 8 / 32)270 / 256 / 14

⑩ 485÷72 — 6 / 72)485 / 432 / 53

⑪ 388÷70 — 5 / 70)388 / 350 / 38

⑫ 196÷83 — 2 / 83)196 / 166 / 30

자기 점수에 ○표 하세요

| 맞힌 개수 | 6개 이하 | 7~8개 | 9~10개 | 11~12개 |
|---|---|---|---|---|
| 학습 방법 | 개념을 다시 공부하세요. | 조금 더 노력 하세요. | 실수하면 안 돼요. | 참 잘했어요. |

## 4일차 A형 (세 자리 수)÷(두 자리 수) (1)

월 일
분 초
/15

나눗셈을 하세요.

❶ 23)154
몫: 6
138
16

❷ 67)271
몫: 4
268
3

❸ 92)500
몫: 5
460
40

❹ 37)212
몫: 5
185
27

❺ 56)234
몫: 4
224
10

❻ 63)423
몫: 6
378
45

❼ 85)637
몫: 7
595
42

❽ 46)376
몫: 8
368
8

❾ 13)104
몫: 8
104
0

❿ 49)434
몫: 8
392
42

⓫ 36)220
몫: 6
216
4

⓬ 54)529
몫: 9
486
43

⓭ 31)175
몫: 5
155
20

⓮ 43)377
몫: 8
344
33

⓯ 65)430
몫: 6
390
40

자기 점수에 ○표 하세요

| 맞힌 개수 | 8개 이하 | 9~11개 | 12~13개 | 14~15개 |
|---|---|---|---|---|
| 학습 방법 | 개념을 다시 공부하세요. | 조금 더 노력 하세요. | 실수하면 안 돼요. | 참 잘했어요. |



## 4일차 B형 (세 자리 수)÷(두 자리 수) (1)

월 일
분 초
/12

정답 42쪽

나눗셈을 하세요.

❶ 468÷78
78)468
몫: 6
468
0

❷ 194÷23
23)194
몫: 8
184
10

❸ 457÷79
79)457
몫: 5
395
62

❹ 376÷87
87)376
몫: 4
348
28

❺ 799÷95
95)799
몫: 8
760
39

❻ 428÷61
61)428
몫: 7
427
1

❼ 419÷68
68)419
몫: 6
408
11

❽ 543÷65
65)543
몫: 8
520
23

❾ 632÷84
84)632
몫: 7
588
44

❿ 294÷63
63)294
몫: 4
252
42

⓫ 598÷87
87)598
몫: 6
522
76

⓬ 490÷73
73)490
몫: 6
438
52

자기 점수에 ○표 하세요

| 맞힌 개수 | 6개 이하 | 7~8개 | 9~10개 | 11~12개 |
|---|---|---|---|---|
| 학습 방법 | 개념을 다시 공부하세요. | 조금 더 노력 하세요. | 실수하면 안 돼요. | 참 잘했어요. |

# 5일차 A형

## (세 자리 수)÷(두 자리 수) (1)

월 일
분 초
/15

나눗셈을 하세요.

①
9
32)288
288
0

②
9
39)358
351
7

③
4
86)420
344
76

④
9
54)512
486
26

⑤
9
91)825
819
6

⑥
7
73)583
511
72

⑦
9
62)600
558
42

⑧
7
48)376
336
40

⑨
6
85)554
510
44

⑩
9
46)434
414
20

⑪
4
78)320
312
8

⑫
7
54)429
378
51

⑬
6
43)268
258
10

⑭
6
51)309
306
3

⑮
3
74)258
222
36

자기 점수에 ○표 하세요

| 맞힌 개수 | 8개 이하 | 9~11개 | 12~13개 | 14~15개 |
| --- | --- | --- | --- | --- |
| 학습 방법 | 개념을 다시 공부하세요. | 조금 더 노력 하세요. | 실수하면 안 돼요. | 참 잘했어요. |



# 5일차 B형

## (세 자리 수)÷(두 자리 수) (1)

월 일
분 초
/12

정답 43쪽

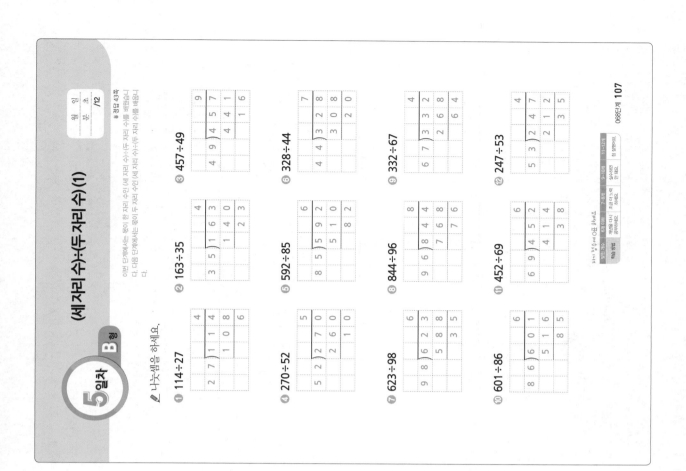

이번 단계에서는 몫이 한 자리 수인 (세 자리 수)÷(두 자리 수)를 배웠습니다. 다음 단계에서는 몫이 두 자리 수인 (세 자리 수)÷(두 자리 수)를 배웁니다.

나눗셈을 하세요.

① 114÷27
4
27)114
108
6

② 163÷35
4
35)163
140
23

③ 457÷49
9
49)457
441
16

④ 270÷52
5
52)270
260
10

⑤ 592÷85
6
85)592
510
82

⑥ 328÷44
7
44)328
308
20

⑦ 623÷98
6
98)623
588
35

⑧ 844÷96
8
96)844
768
76

⑨ 332÷67
4
67)332
268
64

⑩ 601÷86
6
86)601
516
85

⑪ 452÷69
6
69)452
414
38

⑫ 247÷53
4
53)247
212
35

자기 점수에 ○표 하세요

| 맞힌 개수 | 6개 이하 | 7~8개 | 9~10개 | 11~12개 |
| --- | --- | --- | --- | --- |
| 학습 방법 | 개념을 다시 공부하세요. | 조금 더 노력 하세요. | 실수하면 안 돼요. | 참 잘했어요. |

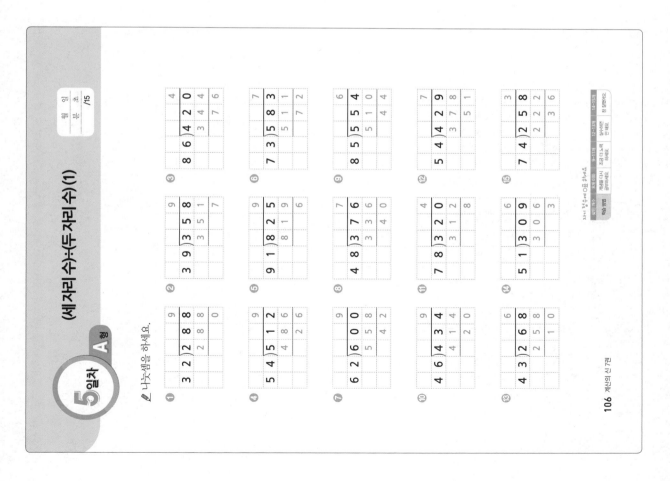

# 1일차 A형 (세 자리 수)÷(두 자리 수) (2)

월 일 / 분 초 / /12

몫을 쓸 때, 자리를
잘 맞추어 써야 해!

나눗셈을 하세요.

①
```
      2 1
38)7 9 9
   7 6
     3 9
     3 8
       1
```

②
```
      4 2
14)5 9 7
   5 6
     3 7
     2 8
       9
```

③
```
      4 2
21)8 9 5
   8 4
     5 5
     4 2
     1 3
```

④
```
      2 4
39)9 5 8
   7 8
   1 7 8
   1 5 6
     2 2
```

⑤
```
      1 8
42)7 9 4
   4 2
   3 7 4
   3 3 6
     3 8
```

⑥
```
      3 7
16)6 0 7
   4 8
   1 2 7
   1 1 2
     1 5
```

⑦
```
      1 2
58)7 1 3
   5 8
   1 3 3
   1 1 6
     1 7
```

⑧
```
      1 3
65)8 9 2
   6 5
   2 4 2
   1 9 5
     4 7
```

⑨
```
      3 1
32)9 9 9
   9 6
     3 9
     3 2
       7
```

⑩
```
      2 3
23)5 4 8
   4 6
     8 8
     6 9
     1 9
```

⑪
```
      7 5
12)9 0 0
   8 4
     6 0
     6 0
       0
```

⑫
```
      1 4
41)5 8 4
   4 1
   1 7 4
   1 6 4
     1 0
```

자기 점수에 ○표 하세요.

| 맞힌 개수 | 6개 이하 | 7~8개 | 9~10개 | 11~12개 |
|---|---|---|---|---|
| 학습 방법 | 개념을 다시 공부하세요. | 조금 더 노력 하세요. | 실수하면 안 돼요. | 참 잘했어요. |

# 1일차 B형 (세 자리 수)÷(두 자리 수) (2)

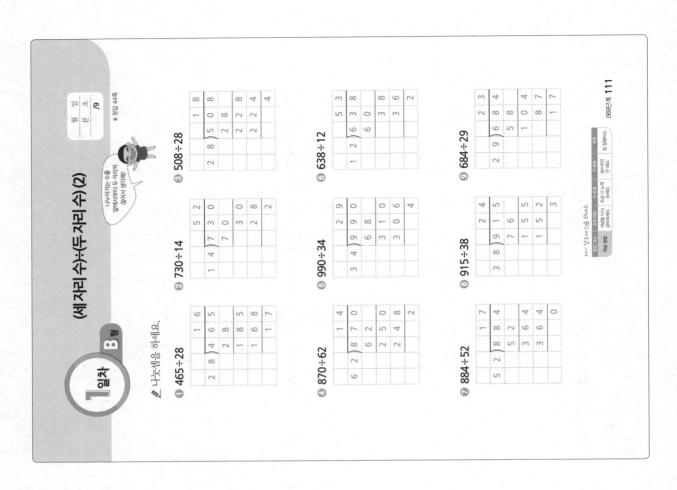

월 일 / 분 초 / /9

정답 44쪽

나누어지는 수를
앞에서부터 두 자리씩
끊어서 생각해!

나눗셈을 하세요.

① 465÷28
```
      1 6
28)4 6 5
   2 8
   1 8 5
   1 6 8
     1 7
```

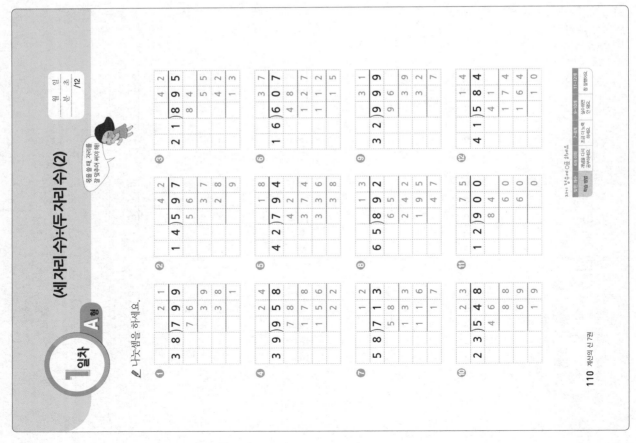

② 730÷14
```
      5 2
14)7 3 0
   7 0
     3 0
     2 8
       2
```

③ 508÷28
```
      1 8
28)5 0 8
   2 8
   2 2 8
   2 2 4
       4
```

④ 870÷62
```
      1 4
62)8 7 0
   6 2
   2 5 0
   2 4 8
       2
```

⑤ 990÷34
```
      2 9
34)9 9 0
   6 8
   3 1 0
   3 0 6
       4
```

⑥ 638÷12
```
      5 3
12)6 3 8
   6 0
     3 8
     3 6
       2
```

⑦ 884÷52
```
      1 7
52)8 8 4
   5 2
   3 6 4
   3 6 4
       0
```

⑧ 915÷38
```
      2 4
38)9 1 5
   7 6
   1 5 5
   1 5 2
       3
```

⑨ 684÷29
```
      2 3
29)6 8 4
   5 8
   1 0 4
     8 7
     1 7
```

자기 점수에 ○표 하세요.

| 맞힌 개수 | 4개 이하 | 5~6개 | 7~8개 | 9개 |
|---|---|---|---|---|
| 학습 방법 | 개념을 다시 공부하세요. | 조금 더 노력 하세요. | 실수하면 안 돼요. | 참 잘했어요. |

# 2일차 A형 (세 자리 수)÷(두 자리 수) (2)

월 일
분 초
/12

나눗셈을 하세요.

①
```
      3 5
2 7)9 5 9
    8 1
    1 4 9
    1 3 5
      1 4
```

②
```
      2 2
4 2)9 5 4
    8 4
    1 1 4
      8 4
      3 0
```

③
```
      1 7
3 4)5 8 5
    3 4
    2 4 5
    2 3 8
        7
```

④
```
      4 3
1 8)7 8 4
    7 2
      6 4
      5 4
      1 0
```

⑤
```
      1 5
2 4)3 6 8
    2 4
    1 2 8
    1 2 0
        8
```

⑥
```
      1 2
1 2)1 4 8
    1 2
      2 8
      2 4
        4
```

⑦
```
      1 4
2 7)4 0 4
    2 7
    1 3 4
    1 0 8
      2 6
```

⑧
```
      5 3
1 6)8 5 8
    8 0
      5 8
      4 8
      1 0
```

⑨
```
      2 5
2 6)6 6 1
    5 2
    1 4 1
    1 3 0
      1 1
```

⑩
```
      1 1
2 1)2 3 9
    2 1
      2 9
      2 1
        8
```

⑪
```
      3 2
3 1)9 9 3
    9 3
      6 3
      6 2
        1
```

⑫
```
      1 9
2 5)4 9 4
    2 5
    2 4 4
    2 2 5
      1 9
```

자기 점수에 ○표 하세요

| 맞힌 개수 | 6개 이하 | 7~8개 | 9~10개 | 11~12개 |
|---|---|---|---|---|
| 학습 방법 | 개념을 다시 공부하세요. | 조금 더 노력하세요. | 실수하면 안 돼요. | 참 잘했어요. |



# 2일차 B형 (세 자리 수)÷(두 자리 수) (2)

월 일
분 초
/9

정답 45쪽

나눗셈을 하세요.

① 894÷61
```
      1 4
6 1)8 9 4
    6 1
    2 8 4
    2 4 4
      4 0
```

② 638÷26
```
      2 4
2 6)6 3 8
    5 2
    1 1 8
    1 0 4
      1 4
```

③ 957÷59
```
      1 6
5 9)9 5 7
    5 9
    3 6 7
    3 5 4
      1 3
```

④ 573÷42
```
      1 3
4 2)5 7 3
    4 2
    1 5 3
    1 2 6
      2 7
```

⑤ 710÷25
```
      2 8
2 5)7 1 0
    5 0
    2 1 0
    2 0 0
      1 0
```

⑥ 955÷48
```
      1 9
4 8)9 5 5
    4 8
    4 7 5
    4 3 2
      4 3
```

⑦ 985÷83
```
      1 1
8 3)9 8 5
    8 3
    1 5 5
      8 3
      7 2
```

⑧ 703÷57
```
      1 2
5 7)7 0 3
    5 7
    1 3 3
    1 1 4
      1 9
```

⑨ 557÷16
```
      3 4
1 6)5 5 7
    4 8
      7 7
      6 4
      1 3
```

자기 점수에 ○표 하세요

| 맞힌 개수 | 4개 이하 | 5~6개 | 7~8개 | 9개 |
|---|---|---|---|---|
| 학습 방법 | 개념을 다시 공부하세요. | 조금 더 노력하세요. | 실수하면 안 돼요. | 참 잘했어요. |

## 3일차 A형 (세 자리 수)÷(두 자리 수) (2)

월 일
분 초
/12

✎ 나눗셈을 하세요.

❶
17
32)558
32
238
224
14

❷
28
22)629
44
189
176
13

❸
18
47)887
47
417
376
41

❹
16
27)439
27
169
162
7

❺
14
25)352
25
102
100
2

❻
19
32)612
32
292
288
4

❼
20
37)760
74
20

❽
21
39)826
78
46
39
7

❾
11
83)975
83
145
83
62

❿
33
24)799
72
79
72
7

⓫
44
16)715
64
75
64
11

⓬
13
62)807
62
187
186
1

자기 점수에 ○표 하세요.

| 맞힌 개수 | 6개 이하 | 7~8개 | 9~10개 | 11~12개 |
|---|---|---|---|---|
| 학습 방법 | 개념을 다시 공부하세요. | 조금 더 노력하세요. | 실수하면 안 돼요. | 참 잘했어요. |



## 3일차 B형 (세 자리 수)÷(두 자리 수) (2)

월 일
분 초
/9

※ 정답 46쪽

✎ 나눗셈을 하세요.

❶ 919÷27
34
27)919
81
109
108
1

❷ 755÷33
22
33)755
66
95
66
29

❸ 996÷63
15
63)996
63
366
315
51

❹ 614÷35
17
35)614
35
264
245
19

❺ 771÷53
14
53)771
53
241
212
29

❻ 609÷28
21
28)609
56
49
28
21

❼ 998÷42
23
42)998
84
158
126
32

❽ 880÷28
31
28)880
84
40
28
12

❾ 563÷44
12
44)563
44
123
88
35

자기 점수에 ○표 하세요.

| 맞힌 개수 | 4개 이하 | 5~6개 | 7~8개 | 9개 |
|---|---|---|---|---|
| 학습 방법 | 개념을 다시 공부하세요. | 조금 더 노력하세요. | 실수하면 안 돼요. | 참 잘했어요. |

# 4일차 A형 (세 자리 수)÷(두 자리 수) (2)

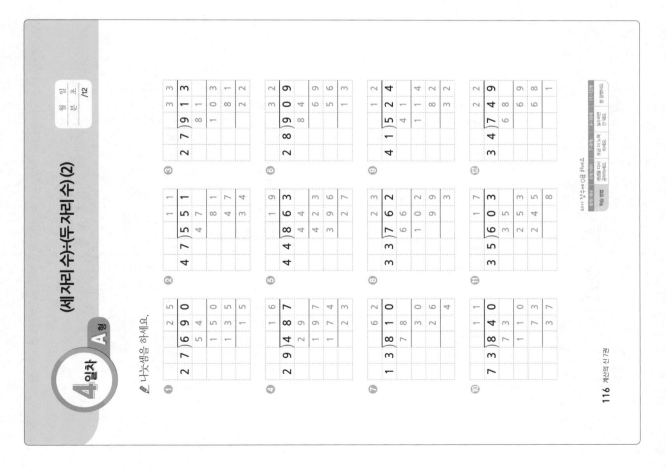

월 일
분 초
/12

나눗셈을 하세요.

❶
```
      2 5
27)6 9 0
   5 4
   1 5 0
   1 3 5
     1 5
```

❷
```
      1 1
47)5 5 1
   4 7
     8 1
     4 7
     3 4
```

❸
```
      3 3
27)9 1 3
   8 1
   1 0 3
     8 1
     2 2
```

❹
```
      1 6
29)4 8 7
   2 9
   1 9 7
   1 7 4
     2 3
```

❺
```
      1 9
44)8 6 3
   4 4
   4 2 3
   3 9 6
     2 7
```

❻
```
      3 2
28)9 0 9
   8 4
     6 9
     5 6
     1 3
```

❼
```
      6 2
13)8 1 0
   7 8
     3 0
     2 6
       4
```

❽
```
      2 3
33)7 6 2
   6 6
   1 0 2
     9 9
       3
```

❾
```
      1 2
41)5 2 4
   4 1
   1 1 4
     8 2
     3 2
```

❿
```
      1 1
73)8 4 0
   7 3
   1 1 0
     7 3
     3 7
```

⓫
```
      1 7
35)6 0 3
   3 5
   2 5 3
   2 4 5
       8
```

⓬
```
      2 2
34)7 4 9
   6 8
     6 9
     6 8
       1
```

자기 점수에 ○표 하세요

| 맞힌 개수 | 6개 이하 | 7~8개 | 9~10개 | 11~12개 |
|---|---|---|---|---|
| 학습 방법 | 개념을 다시 공부하세요. | 조금 더 노력하세요. | 실수하면 안 돼요. | 참 잘했어요. |



# 4일차 B형 (세 자리 수)÷(두 자리 수) (2)

월 일
분 초
/9

정답 47쪽

나눗셈을 하세요.

❶ 965÷79
```
      1 2
79)9 6 5
   7 9
   1 7 5
   1 5 8
     1 7
```

❷ 867÷39
```
      2 2
39)8 6 7
   7 8
     8 7
     7 8
       9
```

❸ 847÷47
```
      1 8
47)8 4 7
   4 7
   3 7 7
   3 7 6
       1
```

❹ 471÷28
```
      1 6
28)4 7 1
   2 8
   1 9 1
   1 6 8
     2 3
```

❺ 643÷18
```
      3 5
18)6 4 3
   5 4
   1 0 3
     9 0
     1 3
```

❻ 512÷37
```
      1 3
37)5 1 2
   3 7
   1 4 2
   1 1 1
     3 1
```

❼ 893÷35
```
      2 5
35)8 9 3
   7 0
   1 9 3
   1 7 5
     1 8
```

❽ 940÷24
```
      3 9
24)9 4 0
   7 2
   2 2 0
   2 1 6
       4
```

❾ 515÷36
```
      1 4
36)5 1 5
   3 6
   1 5 5
   1 4 4
     1 1
```

자기 점수에 ○표 하세요

| 맞힌 개수 | 4개 이하 | 5~6개 | 7~8개 | 9개 |
|---|---|---|---|---|
| 학습 방법 | 개념을 다시 공부하세요. | 조금 더 노력하세요. | 실수하면 안 돼요. | 참 잘했어요. |

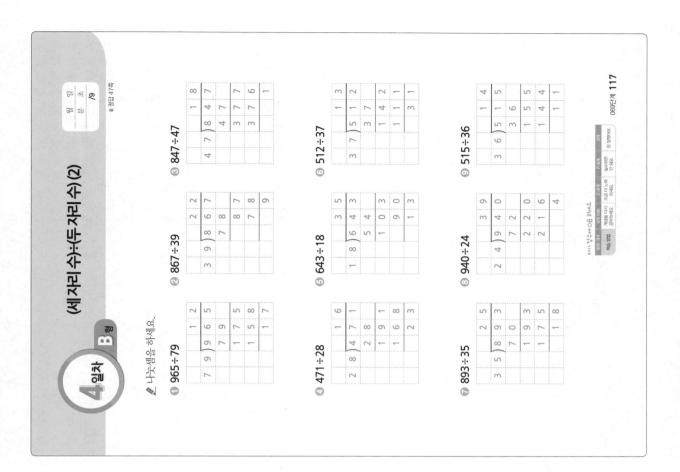

# 5일차 A형 (세 자리 수)÷(두 자리 수) (2)

월 일
분 초
/12

✎ 나눗셈을 하세요.

❶ 27)960 → 35
81 / 150 / 135 / 15

❷ 36)954 → 26
72 / 234 / 216 / 18

❸ 29)481 → 16
29 / 191 / 174 / 17

❹ 33)910 → 27
66 / 250 / 231 / 19

❺ 31)447 → 14
31 / 137 / 124 / 13

❻ 41)852 → 20
82 / 32

❼ 23)557 → 24
46 / 97 / 92 / 5

❽ 61)839 → 13
61 / 229 / 183 / 46

❾ 26)868 → 33
78 / 88 / 78 / 10

❿ 21)622 → 29
42 / 202 / 189 / 13

⓫ 41)784 → 19
41 / 374 / 369 / 5

⓬ 56)962 → 17
56 / 402 / 392 / 10

자기 점수에 ○표 하세요

| 맞힌 개수 | 6개 이하 | 7~8개 | 9~10개 | 11~12개 |
|---|---|---|---|---|
| 학습 방법 | 개념을 다시 공부하세요. | 조금 더 노력하세요. | 실수하면 안 돼요. | 참 잘했어요. |



# 5일차 B형 (세 자리 수)÷(두 자리 수) (2)

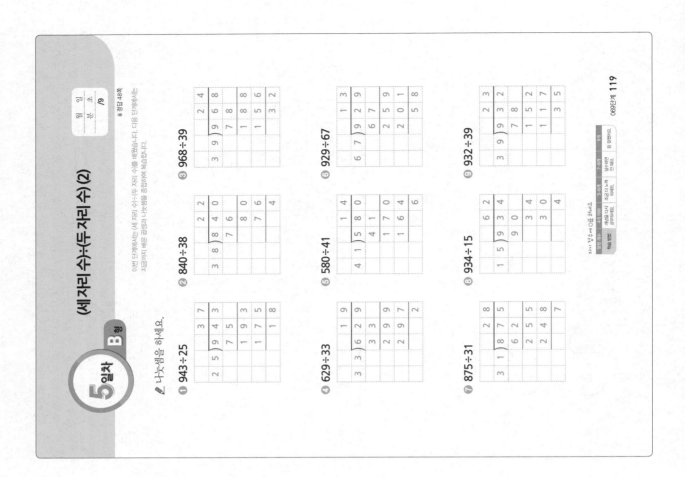

월 일
분 초
/9

정답 48쪽

이번 단계에서는 (세 자리 수)÷(두 자리 수)를 배웠습니다. 다음 단계에서는 지금까지 배운 곱셈과 나눗셈을 종합하여 복습합니다.

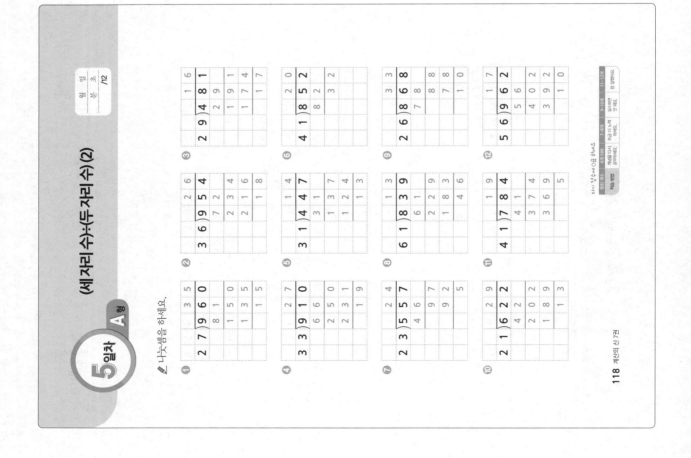

✎ 나눗셈을 하세요.

❶ 943÷25
25)943 → 37
75 / 193 / 175 / 18

❷ 840÷38
38)840 → 22
76 / 80 / 76 / 4

❸ 968÷39
39)968 → 24
78 / 188 / 156 / 32

❹ 629÷33
33)629 → 19
33 / 299 / 297 / 2

❺ 580÷41
41)580 → 14
41 / 170 / 164 / 6

❻ 929÷67
67)929 → 13
67 / 259 / 201 / 58

❼ 875÷31
31)875 → 28
62 / 255 / 248 / 7

❽ 934÷15
15)934 → 62
90 / 34 / 30 / 4

❾ 932÷39
39)932 → 23
78 / 152 / 117 / 35

자기 점수에 ○표 하세요

| 맞힌 개수 | 4개 이하 | 5~6개 | 7~8개 | 9개 |
|---|---|---|---|---|
| 학습 방법 | 개념을 다시 공부하세요. | 조금 더 노력하세요. | 실수하면 안 돼요. | 참 잘했어요. |

## 세 단계 묶어 풀기 067 ~ 069단계
(두/세 자리 수)÷(두 자리 수)

월 일 / 분 초 / /12

정답 49쪽

나눗셈을 하세요.

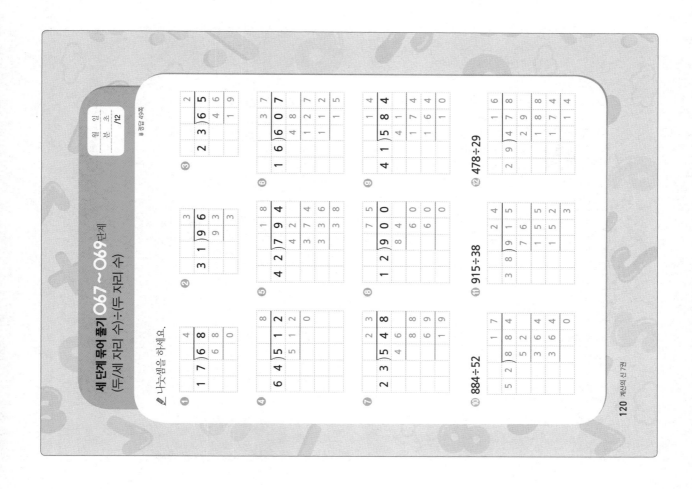

❶ 68 ÷ 17 = 4 (68, 0)

❷ 96 ÷ 31 = 3 … 3 (93, 3)

❸ 65 ÷ 23 = 2 … 19 (46, 19)

❹ 512 ÷ 64 = 8 (512, 0)

❺ 794 ÷ 42 = 18 … 38 (42, 374, 336, 38)

❻ 607 ÷ 16 = 37 … 15 (48, 127, 112, 15)

❼ 548 ÷ 23 = 23 … 19 (46, 88, 69, 19)

❽ 900 ÷ 12 = 75 (84, 60, 60, 0)

❾ 584 ÷ 41 = 14 … 10 (41, 174, 164, 10)

⑩ 884÷52 = 17 (52, 364, 364, 0)

⑪ 915÷38 = 24 … 3 (76, 155, 152, 3)

⑫ 478÷29 = 16 … 14 (29, 188, 174, 14)

120 계산의 신 7권

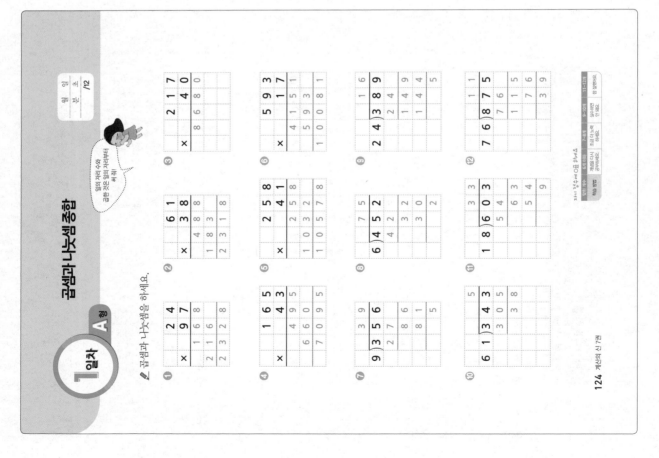

# 1일차 A형 곱셈과 나눗셈 종합

월 일 / 분 초 / /12

일의 자리 수와
곱한 것은 일의 자리부터
써 줘!

곱셈과 나눗셈을 하세요.

❶
```
    2 4
×   9 7
  1 6 8
2 1 6
2 3 2 8
```

❷
```
    6 1
×   3 8
  4 8 8
1 8 3
2 3 1 8
```

❸
```
  2 1 7
×   4 0
8 6 8 0
```

❹
```
    1 6 5
×     4 3
    4 9 5
  6 6 0
  7 0 9 5
```

❺
```
    2 5 8
×     4 1
    2 5 8
1 0 3 2
1 0 5 7 8
```

❻
```
    5 9 3
×     1 7
  4 1 5 1
  5 9 3
1 0 0 8 1
```

❼
```
     3 9
9 )3 5 6
   2 7
     8 6
     8 1
       5
```

❽
```
     7 5
6 )4 5 2
   4 2
     3 2
     3 0
       2
```

❾
```
        1 6
2 4 )3 8 9
     2 4
     1 4 9
     1 4 4
         5
```

❿
```
          5
6 1 )3 4 3
     3 0 5
       3 8
```

⓫
```
        3 3
1 8 )6 0 3
     5 4
       6 3
       5 4
         9
```

⓬
```
        1 1
7 6 )8 7 5
     7 6
     1 1 5
       7 6
       3 9
```

자기 점수에 ○표 하세요.

| 맞힌 개수 | 6개 이하 | 7~8개 | 9~10개 | 11~12개 |
|---|---|---|---|---|
| 학습 방법 | 개념을 다시 공부하세요. | 조금 더 노력 하세요. | 실수하면 안 돼요. | 참 잘했어요. |

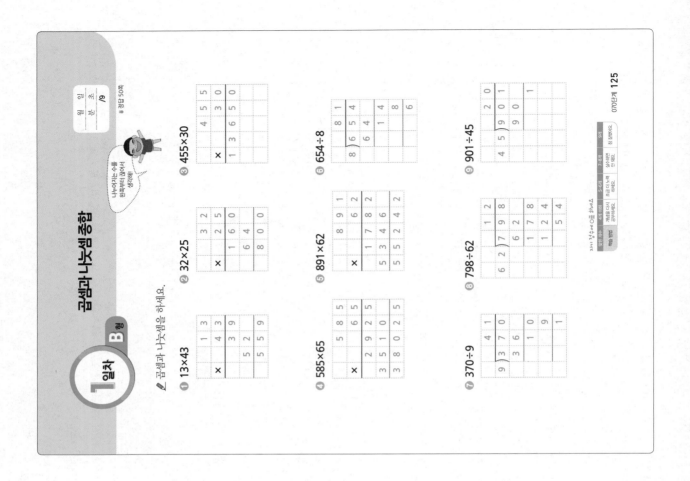

# 1일차 B형 곱셈과 나눗셈 종합

월 일 / 분 초 / /9

정답 50쪽

나누어지는 수를
왼쪽부터 끊어서
생각해!

곱셈과 나눗셈을 하세요.

❶ 13×43
```
    1 3
×   4 3
    3 9
  5 2
  5 5 9
```

❷ 32×25
```
    3 2
×   2 5
  1 6 0
  6 4
  8 0 0
```

❸ 455×30
```
    4 5 5
×     3 0
1 3 6 5 0
```

❹ 585×65
```
    5 8 5
×     6 5
  2 9 2 5
3 5 1 0
3 8 0 2 5
```

❺ 891×62
```
    8 9 1
×     6 2
  1 7 8 2
5 3 4 6
5 5 2 4 2
```

❻ 654÷8
```
     8 1
8 )6 5 4
   6 4
     1 4
       8
       6
```

❼ 370÷9
```
     4 1
9 )3 7 0
   3 6
     1 0
       9
       1
```

❽ 798÷62
```
        1 2
6 2 )7 9 8
     6 2
     1 7 8
     1 2 4
       5 4
```

❾ 901÷45
```
        2 0
4 5 )9 0 1
     9 0
         1
```

자기 점수에 ○표 하세요.

| 맞힌 개수 | 4개 이하 | 5~6개 | 7~8개 | 9개 |
|---|---|---|---|---|
| 학습 방법 | 개념을 다시 공부하세요. | 조금 더 노력 하세요. | 실수하면 안 돼요. | 참 잘했어요. |

## 2일차 A형 곱셈과 나눗셈 종합

월 일 / 분 초 / /12

곱셈과 나눗셈을 하세요.

❶ 84 × 45 : 420, 336, 3780

❷ 72 × 27 : 504, 144, 1944

❸ 773 × 40 : 30920

❹ 275 × 13 : 825, 275, 3575

❺ 438 × 57 : 3066, 2190, 24966

❻ 791 × 36 : 4746, 2373, 28476

❼ 9)827 → 91 : 81, 17, 9, 8

❽ 4)256 → 64 : 24, 16, 16, 0

❾ 35)527 → 15 : 35, 177, 175, 2

❿ 42)924 → 22 : 84, 84, 84, 0

⓫ 24)389 → 16 : 24, 149, 144, 5

⓬ 17)543 → 31 : 51, 33, 17, 16

자기 점수에 ○표 하세요.

| 맞힌 개수 | 6개 이하 | 7~8개 | 9~10개 | 11~12개 |
|---|---|---|---|---|
| 학습 방법 | 개념을 다시 공부하세요. | 조금 더 노력 하세요. | 실수하면 안 돼요. | 참 잘했어요. |



## 2일차 B형 곱셈과 나눗셈 종합

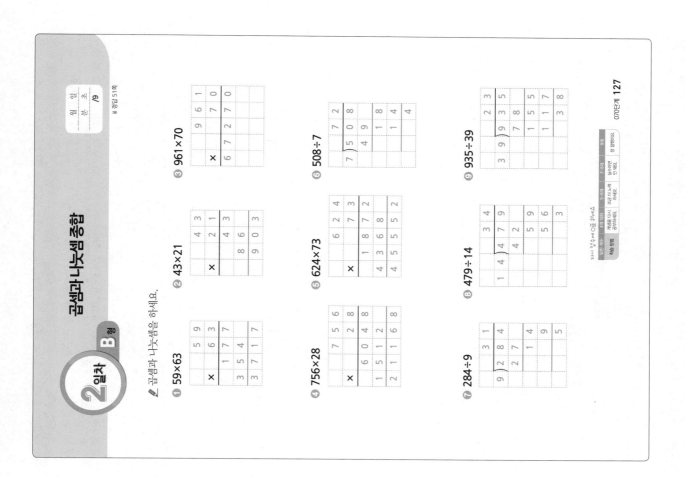

월 일 / 분 초 / /9

※ 정답 51쪽

곱셈과 나눗셈을 하세요.

❶ 59×63 : 177, 354, 3717

❷ 43×21 : 43, 86, 903

❸ 961×70 : 67270

❹ 756×28 : 6048, 1512, 21168

❺ 624×73 : 1872, 4368, 45552

❻ 508÷7 → 72 : 49, 18, 14, 4

❼ 284÷9 → 31 : 27, 14, 9, 5

❽ 479÷14 → 34 : 42, 59, 56, 3

❾ 935÷39 → 23 : 78, 155, 117, 38

자기 점수에 ○표 하세요.

| 맞힌 개수 | 4개 이하 | 5~6개 | 7~8개 | 9개 |
|---|---|---|---|---|
| 학습 방법 | 개념을 다시 공부하세요. | 조금 더 노력 하세요. | 실수하면 안 돼요. | 참 잘했어요. |

## 3일차 A형 곱셈과 나눗셈 종합

월 일 / 분 초 / /12

곱셈과 나눗셈을 하세요.

❶ 44 × 36
264
132
1584

❷ 24 × 17
168
24
408

❸ 629 × 50
31450

❹ 537 × 29
4833
1074
15573

❺ 492 × 65
2460
2952
31980

❻ 298 × 74
1192
2086
22052

❼ 9)532 → 59
45
82
81
1

❽ 23)428 → 18
23
198
184
14

❾ 39)514 → 13
39
124
117
7

❿ 16)848 → 53
80
48
48
0

⓫ 45)559 → 12
45
109
90
19

⓬ 54)389 → 7
378
11

자기 점수에 ○표 하세요.

| 맞힌 개수 | 6개 이하 | 7~8개 | 9~10개 | 11~12개 |
|---|---|---|---|---|
| 학습 방법 | 개념을 다시 공부하세요. | 조금 더 노력 하세요. | 실수하면 안 돼요. | 참 잘했어요. |

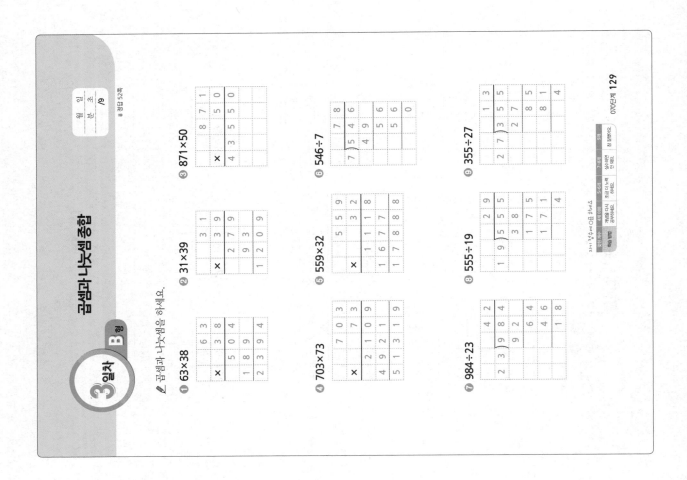

## 3일차 B형 곱셈과 나눗셈 종합

월 일 / 분 초 / /9

정답 52쪽

곱셈과 나눗셈을 하세요.

❶ 63×38
504
189
2394

❷ 31×39
279
93
1209

❸ 871×50
43550

❹ 703×73
2109
4921
51319

❺ 559×32
1118
1677
17888

❻ 546÷7 → 78
49
56
56
0

❼ 984÷23 → 42
92
64
46
18

❽ 555÷19 → 29
38
175
171
4

❾ 355÷27 → 13
27
85
81
4

자기 점수에 ○표 하세요.

| 맞힌 개수 | 4개 이하 | 5~6개 | 7~8개 | 9개 |
|---|---|---|---|---|
| 학습 방법 | 개념을 다시 공부하세요. | 조금 더 노력 하세요. | 실수하면 안 돼요. | 참 잘했어요. |

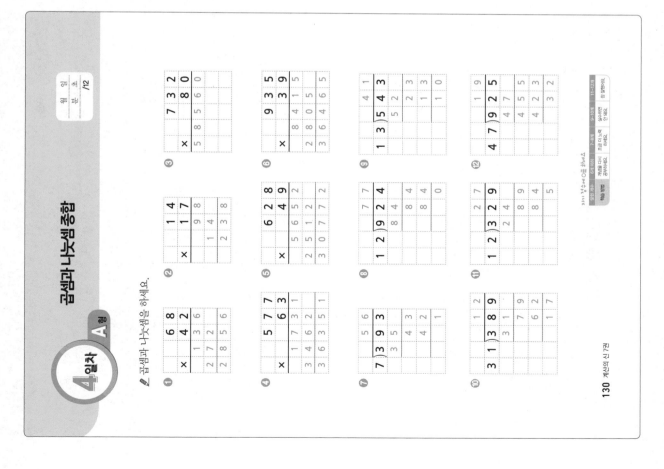

## 4일차 A형 곱셈과 나눗셈 종합

월 일 / 분 초 / /12

곱셈과 나눗셈을 하세요.

❶
```
    6 8
×   4 2
  1 3 6
2 7 2
2 8 5 6
```

❷
```
    1 4
×   1 7
    9 8
  1 4
  2 3 8
```

❸
```
    7 3 2
×     8 0
5 8 5 6 0
```

❹
```
    5 7 7
×     6 3
  1 7 3 1
3 4 6 2
3 6 3 5 1
```

❺
```
    6 2 8
×     4 9
  5 6 5 2
2 5 1 2
3 0 7 7 2
```

❻
```
    9 3 5
×     3 9
  8 4 1 5
2 8 0 5
3 6 4 6 5
```

❼
```
     5 6
 7)3 9 3
   3 5
     4 3
     4 2
       1
```

❽
```
        7 7
 1 2)9 2 4
     8 4
       8 4
       8 4
         0
```

❾
```
        4 1
 1 3)5 4 3
     5 2
       2 3
       1 3
       1 0
```

❿
```
        1 2
 3 1)3 8 9
     3 1
       7 9
       6 2
       1 7
```

⓫
```
        2 7
 1 2)3 2 9
     2 4
       8 9
       8 4
         5
```

⓬
```
        1 9
 4 7)9 2 5
     4 7
     4 5 5
     4 2 3
       3 2
```

자기 점수에 ○표 하세요

| 맞힌 개수 | 6개 이하 | 7~8개 | 9~10개 | 11~12개 |
|---|---|---|---|---|
| 학습 방법 | 개념을 다시 공부하세요. | 조금 더 노력 하세요. | 실수하면 안 돼요. | 참 잘했어요. |

130 계산의 신 7권

## 4일차 B형 곱셈과 나눗셈 종합

월 일 / 분 초 / /9

정답 53쪽

곱셈과 나눗셈을 하세요.

❶ 46×96
```
    4 6
×   9 6
  2 7 6
4 1 4
4 4 1 6
```

❷ 32×69
```
    3 2
×   6 9
  2 8 8
1 9 2
2 2 0 8
```

❸ 683×80
```
    6 8 3
×     8 0
5 4 6 4 0
```

❹ 559×32
```
    5 5 9
×     3 2
  1 1 1 8
1 6 7 7
1 7 8 8 8
```

❺ 473×28
```
    4 7 3
×     2 8
  3 7 8 4
  9 4 6
1 3 2 4 4
```

❻ 374÷7
```
     5 3
 7)3 7 4
   3 5
     2 4
     2 1
       3
```

❼ 901÷35
```
        2 5
 3 5)9 0 1
     7 0
     2 0 1
     1 7 5
       2 6
```

❽ 621÷14
```
        4 4
 1 4)6 2 1
     5 6
       6 1
       5 6
         5
```

❾ 863÷37
```
        2 3
 3 7)8 6 3
     7 4
     1 2 3
     1 1 1
       1 2
```

자기 점수에 ○표 하세요

| 맞힌 개수 | 4개 이하 | 5~6개 | 7~8개 | 9개 |
|---|---|---|---|---|
| 학습 방법 | 개념을 다시 공부하세요. | 조금 더 노력 하세요. | 실수하면 안 돼요. | 참 잘했어요. |

070단계 131

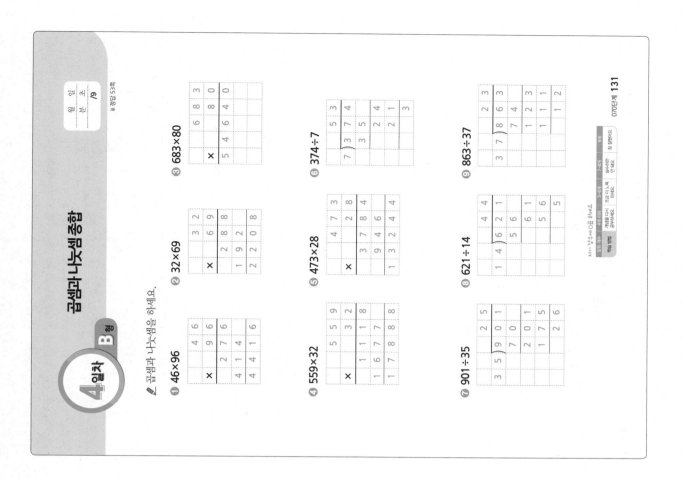

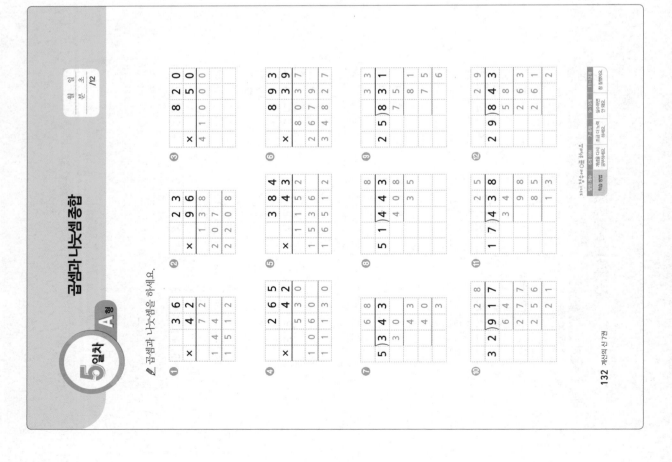

## 5일차 A형 곱셈과 나눗셈 종합

월 일 / 분 초 / /12

✎ 곱셈과 나눗셈을 하세요.

❶ 36 × 42 : 72 / 144 / 1512

❷ 23 × 96 : 138 / 207 / 2208

❸ 820 × 50 : 41000

❹ 265 × 42 : 530 / 1060 / 11130

❺ 384 × 43 : 1152 / 1536 / 16512

❻ 893 × 39 : 8037 / 2679 / 34827

❼ 5)343 → 68 : 30 / 43 / 40 / 3

❽ 51)443 → 8 : 408 / 35

❾ 25)831 → 33 : 75 / 81 / 75 / 6

❿ 32)917 → 28 : 64 / 277 / 256 / 21

⓫ 17)438 → 25 : 34 / 98 / 85 / 13

⓬ 29)843 → 29 : 58 / 263 / 261 / 2

자기 점수에 ○표 하세요.

| 맞힌 개수 | 6개 이하 | 7~8개 | 9~10개 | 11~12개 |
|---|---|---|---|---|
| 학습 방법 | 개념을 다시 공부하세요. | 조금 더 노력하세요. | 실수하면 안 돼요. | 참 잘했어요. |

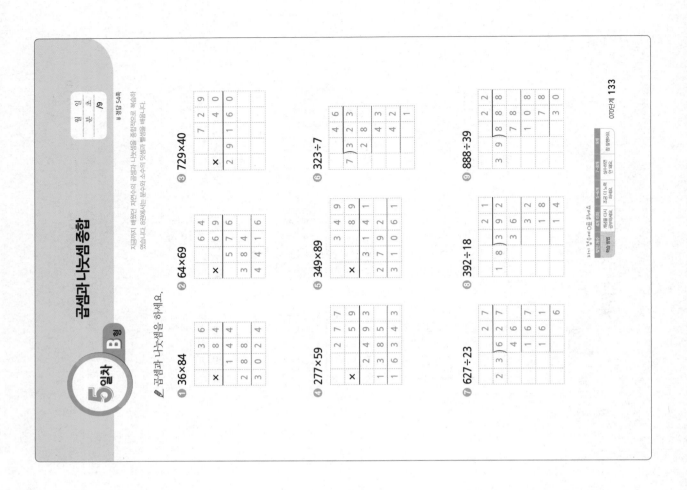

## 5일차 B형 곱셈과 나눗셈 종합

월 일 / 분 초 / /9

※ 정답 54쪽

지금까지 배웠던 자연수의 곱셈과 나눗셈을 종합적으로 복습하였습니다. 8권에서는 분수와 소수의 덧셈과 뺄셈을 배웁니다.

✎ 곱셈과 나눗셈을 하세요.

❶ 36×84 : 144 / 288 / 3024

❷ 64×69 : 576 / 384 / 4416

❸ 729×40 : 29160

❹ 277×59 : 2493 / 1385 / 16343

❺ 349×89 : 3141 / 2792 / 31061

❻ 323÷7 → 46 : 28 / 43 / 42 / 1

❼ 627÷23 → 27 : 46 / 167 / 161 / 6

❽ 392÷18 → 21 : 36 / 32 / 18 / 14

❾ 888÷39 → 22 : 78 / 108 / 78 / 30

자기 점수에 ○표 하세요.

| 맞힌 개수 | 4개 이하 | 5~6개 | 7~8개 | 9개 |
|---|---|---|---|---|
| 학습 방법 | 개념을 다시 공부하세요. | 조금 더 노력하세요. | 실수하면 안 돼요. | 참 잘했어요. |

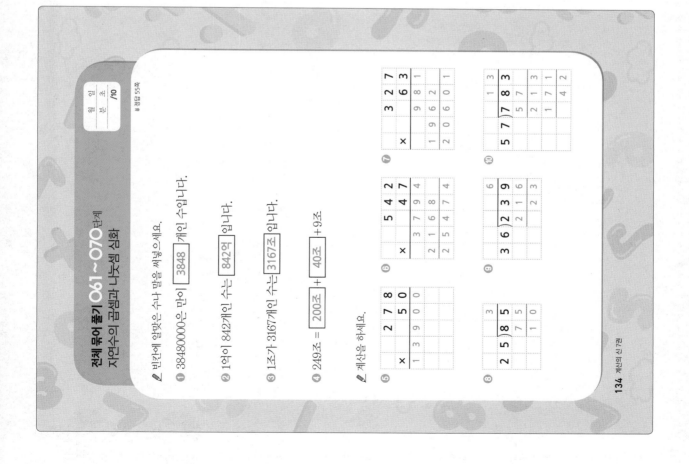

## 전체 묶어 풀기 061~070단계
## 자연수의 곱셈과 나눗셈 심화

월 일 / 분 초 / /10

정답 55쪽

빈칸에 알맞은 수나 말을 써넣으세요.

❶ 38480000은 만이 [3848] 개인 수입니다.

❷ 1억이 842개인 수는 [842억] 입니다.

❸ 1조가 3167개인 수는 [3167조] 입니다.

❹ 249조 = [200조] + [40조] +9조

계산을 하세요.

❺
| | | | | |
|---|---|---|---|---|
| | | 2 | 7 | 8 |
| × | | | 5 | 0 |
| 1 | 3 | 9 | 0 | 0 |

❻
| | | | | |
|---|---|---|---|---|
| | | 5 | 4 | 2 |
| × | | | 4 | 7 |
| | 3 | 7 | 9 | 4 |
| 2 | 1 | 6 | 8 | |
| 2 | 5 | 4 | 7 | 4 |

❼
| | | | | |
|---|---|---|---|---|
| | | 3 | 2 | 7 |
| × | | | 6 | 3 |
| | | 9 | 8 | 1 |
| 1 | 9 | 6 | 2 | |
| 2 | 0 | 6 | 0 | 1 |

❽
| | | | |
|---|---|---|---|
| | | | 3 |
| 2 | 5 | )8 | 5 |
| | | 7 | 5 |
| | | 1 | 0 |

❾
| | | | | |
|---|---|---|---|---|
| | | | | 6 |
| 3 | 6 | )2 | 3 | 9 |
| | | 2 | 1 | 6 |
| | | | 2 | 3 |

❿
| | | | | |
|---|---|---|---|---|
| | | | 1 | 3 |
| 5 | 7 | )7 | 8 | 3 |
| | | 5 | 7 | |
| | | 2 | 1 | 3 |
| | | 1 | 7 | 1 |
| | | | 4 | 2 |

# 신(神)의 Note